명묵(明默)의 건축

⊙

최고의 예술은 기교의 경지를 벗어나 신의 경지를 이룬 자유와 자재로움을 획득한 것이다. 일상적이고도 평범한 맛과 지극한 것이 하나가 되어 현실적 환상으로 실재하는 세계를 이룬 경우로 그 상태는 자족하여 아름답고, 그 생은 신비하다. 이 책은 건축에 대한 이야기이기보다는 건축을 통해 본 한국인의 미적 세계와 그 수준에 대한 이해의 글이다.

◎

명묵明의 건축默

한국 전통의 명건축 24선　　　　　글 김개천　사진 관조 스님

개정판

안그라픽스

범어사 일주문

담양 소쇄원

부석사 안양루

『명묵의 건축』
 개정판을 내놓으며

전통 건축의 명작들이 이룩한 미의 세계와 사상적 배경에 관한 글을 쓰고 싶다는 생각으로 책을 펴낸 지가 벌써 7년이 흘렀다. 그 길은 나를 새로운 길로 안내해 주었고, 선조들의 명징한 미적 태도를 알게 해주었다. 한국 전통의 명건축은 우리가 익히 알고 있는 '자연과의 조화'라는 미적 인식으로는 설명하기 힘들다. 자신의 흔적만으로 모든 형기에 응하려 한 형식은 전통의 대중문화에서는 찾아보기 힘든 특성이기 때문이다.

 이 책은 깊고 유현하여 시작과 끝을 알기 힘든 선조들의 삶과 그 속에 담겨진 황홀하고 신비로운 환상을 되살려, 상상하지 못했던 천연(天然)의 미적 세계를 펼쳐 보이는 한국 미의 안내서이고 싶다. 또한 사라져 가는 한국 건축의 아름다운 순간이 그 모습 그대로 기억되고 아련하게 느껴지는 옛 생각들을 현대에 다시 살아 있게 하고픈 바람이다.

주택과 정자건축은 은퇴 후 쓸 요량으로 제외하였다. 봉정사와 도동서원을 넣지 못해 아쉽긴 하지만 전문가적 견해로 선택한 전통의 명건축 24선은 그 시대의 철학과 예술이 투영된 수준 높은 미의 성취들을 이해하는데 도움이 되리라 여겨진다. 더불어 우리의 문화에 대한 역사적 인식을 바탕으로 국제적 수준의 문화 창조로 나아가기 위해서는 세계 문화에 대한 바른 이해와 열려 있는 자세가 요구된다고 생각하여 『명묵의 건축』 재출간에 이어 신화가 된 아름다움의 세계를 서술한 『미의 신화』를 출간한다. 고대의 피라미드에서부터 근세의 자금성에 이르기까지 인류 역사상 가장 위대한 세계 건축 24선을 선정하여 그들의 철학을 얘기하고, 삶과 예술에 귀 기울이고 싶다. 독자들과 함께 여행하며 신화를 만든 인간들의 기억과 꿈을 나눠 가질 수 있기를 희망한다.

독자들의 따뜻한 후평과 격려에 힘입어 『명묵의 건축』이 재출간하게 된 데에는 이제는 고인이 되신 관조 스님의 선품(禪品)과 같은 범범하면서도 예술적 영감을 전하는 사진이 있었기 때문이다. 그와 함께 초판 때는 오히려 누가 될 것 같아 밝히지 않았지만 사진 하나하나의 장면을 현장에서 직접 선별한 안그라픽스 김옥철 대표의 한국 미에 대한 해박한 이해와 헌신도 있었다. 재출간을 하면서 일부 내용을 수정하였고, 관조 스님께서 촬영하지 못했던 궁궐 건축의 사진들을 교체하였다. 좋은 책을 만들기 위해 전체를 새롭게 디자인한 편집자들의 정성과 이 책에 대한 애정에 깊은 감사의 마음을 전한다.
◎

명묵의 건축

차례

10		『명묵의 건축』 개정판을 내놓으며	
14		한국미의 원형을 찾아서	

22	허와 질서	천강이 흐르는 예적 질서	병산서원 만대루
36	자연과 건축	반 칸으로 지은 청풍명월	담양 면앙정
48	완성과 무명	빛을 실현한 바람의 집	해인사 장경각
56	무와 유	점으로 이룬 만 칸의 허공	여수 진남관
68	시간과 공간	허공으로 지은 공중누각	화암사 우화루
80	변화와 운동	무량한 천상 건축	부석사 안양루
92	실용과 무용	미적 실용으로 숭고한 화계	수원 화성
106	형태와 영원	비움마저 비운 집	선암사 심검당
118	미완과 환영	인간이 조영한 우주	경복궁 경회루
130	조화와 통일	원융부동의 무량법계	화엄사 각황전
142	형상과 크기	회소향대의 천상누각	창덕궁 부용정
154	순응과 역행	선리로 투관한 교상누각	송광사 우화각

166	주관과 객관	경으로 허명한 천계	도산서당과 전교당
180	구상과 추상	고요한 비춤의 절대 추상	법주사 팔상전
192	맑음과 통합	광풍제월의 맑은 선계	담양 소쇄원
204	존재와 관계	중중무진의 인드라망	봉정사 영산암
216	주관과 도학	빛으로 나눈 빛의 회랑	창경궁 문정전과 숭문당 회랑
228	상징과 실체	염화미소의 공간	통도사 대웅전
242	자율과 생명	허에 잠겨 투명한 집	양동마을 심수정
254	대칭과 비례	천조로 쌓은 건축 만다라	불국사 범영루
264	미와 덕	덕으로 드러난 건축의 도	창덕궁 인정전
278	무위와 내연	무무무무 무무무무	거조암 영산전
288	경험과 초월	천지와 맞닿은 적멸법계	범어사 불이문
300	침묵과 작위	중천에서 밝은 구름의 집	종묘 정전

316	한국 전통 건축의 명장면 24선
324	한국 건축의 공간적 해석 — 김개천
328	한국 전통 건축의 철학과 아름다움, 그 본질에 대한 표현의 구극 — 전 국립 춘천박물관 관장 이내옥
330	우리 건축을 보는 방법 — 광장건축환경연구소 대표 김원

— 여는 글

한국미의
원형을 찾아서

 전통 건축을 이해한다는 것은 우리 민족이 성취한 건축의 가치와 아름다움을 깨닫는 것과 같다. 뿐만 아니라 건축에 투영된 삶의 방식과 시대정신, 종교와 학문 그리고 예술에 대한 지적 통찰력까지 고양시키는 일이다. 우리의 세계를 이해한다는 것은 다른 세계를 알 수 있는 통로와 배경이 될 수 있으며, 그들이 이룩한 수준 높은 건축적 이상들은 오늘에는 물론 다음 시대에도 여전히 살아 있는 효용과 가치를 가진다. 이러한 이유로 한국미의 원형을 탐구하려는 그간의 노력에 덧붙여, '병산서원 만대루에서 시작하여 종묘의 정전에 이르기까지' 당대의 탁월한 건축가들이 지었을 것이라고 추정되는 24채의 한국 옛 건축물들을 통해 한국미의 완형(完形)과 그 정신 세계를 탐색하는 길을 떠난다. 이를 통해 건축에 대한 이야기라기보다 건축을 통해 받은 예술적 감명과 종교적 감응을 나누고자 한다. 간절한 만큼 조심스러운 걸음이며, 과문한 탓에 어느 정도의 용기도 필요했다.
 근세 백년 간 서구 문화와 동질화를 추구해 온 오늘의 우리는 믿기 어려울 만큼 많은 것을 서구적 관념으로 인식하고 있다. 현대 건축에서 즐겨 쓰는 건축(Architecture), 공간(Space), 시간(Time) 그리고 조경(Landscape) 등의 용어는 서양적 개념에서 분화된

창덕궁 인정전
오색의 사용과 황금빛의 강조로 하늘과 땅의 색인 현황(玄黃)의 무색(無色)을 동시에 이룩한 침묵조차 없는 빛만이 가득한 명묵의 공간.

타지마할
햇빛과 달빛, 바람 등 자연의 모든 요소와 감응하여 백색, 핑크색, 아이보리색 등으로 변하는, 신이 창조한 인간보다 아름다운 건축이다.

의미이다. 이에 비해 전통 건축에서 집이란 물질과 공간, 시간 그리고 건축과 조경 등의 개념이 합일된 개념으로 쓰였다.

집은 곧 우주(宇宙)이고 천지(天地)이며, 자연(自然)이다. 집을 짓는다는 것은 창덕궁 주합루(宙合樓)의 당호에서 보듯 건물만을 짓는 것이 아니라 천리적(天理的) 생명성의 조영이고, 우주와 합(合)하는 일이다. 그러나 오늘날은 전통 건축의 흉내를 낸 기와 건물들까지도 서구인들이 추구했던 개념의 건물을 맹목적으로 짓고 있다고 해도 과언이 아니다.

20대 후반 처음 유럽을 여행했을 때 서양 건축의 장대함과 정교하고 화려한 장식, 인간을 압도하는 고딕 성당의 내부 공간 등을 보면서 경이에 가까운 감동을 받았다. 그리고 생각하기를 왜 우리에겐 작고 평범하고 똑같은 건축물들 뿐인가? 중국과 일본의 궁성과 탑들만 보아도 장중하지 않은가 하고 반문하였다. 이러한 질문들을 이해하기 위해서는 많은 시간이 필요했다.

한 나라의 건축을 제대로 이해하기 위해서는 그 나라의 지리적 풍토와 사회·문화적 여건 등 폭넓은 관점에서 이해가 필요하다. 사실 서양 건축에서 구축적 건물을 벗어나 공간이라는 개념을 본격적으로 인식한 것은 2백여 년에

불과하다. 근대적 인식에 따라 건축한 공간이란 '비어 있음의 구성과 처리'의 개념으로 장대한 비어 있음은 필연적으로 완성된 무(無)의 형태를 지향하거나 그와 반대로 아무런 형태도 취하지 않는 형식을 추구하게 된다.

    이와 비슷하면서도 대조적으로 동양에서는 단지 그릇의 빈 공간과 같은 고정된 모습의 크기와 형상으로 존재하는 건축을 만들지는 않았다. 불교의 연기론에서 보듯 '이것과 저것은 관계 속에서 생(生)과 멸(滅)을 되풀이한다'는 순환적 생멸관을 가지고 있고, 유와 무의 현상과 본체는 동일하다는 입장처럼 유교는 현상과 본체인 이(理)와 기(氣)를 분리하여 생각하였으나 존재론적으로 유와 무는 동일하고 대등한 개념으로 생각하였다. 물체와 비어 있음의 대대적(對待的) 개념이 아닌, 비어 있는 물질의 체계로 생명의 기운인 기(氣)가 차 있는 태극처럼 음과 양, 유와 무로 무한히 변화하는 허(虛)를 추구하였다.

    동양 건축은 비어 있음으로 충만하고, 항상 여여(如如)한 인간과 자연의 원리와 같은 이(理)와 기(氣)의 충일한 상태를 조영하고, 자연과 조화를 이루기보다는 자연의 경지를 이룬 인문 세계를 보태어 자연을 더욱 풍부하고 극대화하였다. 그것은 건축이 자연이고 자연이 건축으로 치환되고 변형됨으로써 자연과의

잉글랜드 남부의 틴턴 사원
2차대전의 폭격으로 폐허가 되었으나 복원되지 않고 있다. 이곳엔 고딕 성당이 주는 장대함과 화려한 내부 장식, 스테인드글라스의 현묘한 빛은 없으나 그와는 다른 적묵한 무(無)와 폐허 사이의 빈 공간으로 보이는 하늘과 자연의 아름다움이 있다. 그것은 우연히 이룩된, 건축의 가치가 없는 무가치적 건축의 실현으로서 기존의 유위적 조형과는 다른 무위의 아름다움을 느낄 수 있다.

성덕대왕 신종의 비천상
휘돌아 앉은 정지의 모습으로 날고 있는 동시에 예를 올리는 공양천인은 인간의 몸과 같은 사실적 조영으로 천인의 모습을 구현한 사실적 추상의 신품(神品)이다.

조화에서 나아가 건축과 예술, 인문(人文)을 동원한 천연(天然)의 경지로 자연을 극대화하고, 그 속에서 영위되는 인간의 삶을 거대하고 영원한 현재로 확장한 것이다. 그것은 학문과 예술로 이룩한 광대한 인간의 세계였다.

자신의 흔적 외에는 아무것도 포함하지 않으려는 정신은 작은 것을 통해 큰 것을 지향하는 회소향대(回小向大)의 조형 정신으로도 표현되어 작지만 오히려 범범(凡凡)하다. 작은 사각의 연못으로도 천지를 담고, 고요한 물속을 내려다보게 하여 시공간을 극대화한 건물은 외형적으로는 작지만 내적으로는 우주만큼 넓고 깊게 체득되는 건축이며, 자연이 이룩한 경지의 화(華)를 추구하는 장식은 물체에 원래 간직되어 있는 깨끗한 마음을 드러낸다. 이러한 예는 고려와 조선의 건축뿐만 아니라 '구상과 비구상의 경계적 표현'을 이룩한 청동기 시대의 토우부터 당의 대종(代宗)이 "신라의 기교는 하늘의 조화이지 사람의 기교가 아니다"라고 극찬한 신라의 예술에 이르기까지 고대 예술에서도 여러 사례를 찾아 볼 수 있다.

원효는 《대승기신론(大乘起信論)》에서 긍부정의 양극단을 넘어서는 화쟁(和諍)을 통해 보편적 진리를 밝히어, "맑고 고요한 일심(一心)의 바탕인 진여(眞如)를 드러내는 것이

본각(本覺)"이라 하였다. 이러한 신라인들이 그들의 예술과 건축에서 화쟁 사상에 바탕을 둔 조형을 추구한 것은 당연한 일이다. 신라 무열왕릉비의 이수에 조각된 여섯 용의 모습에서도 그러한 예를 볼 수 있는데, 용들은 서로 몸이 얽혀 꼼짝도 하지 못하면서 일제히 머리를 땅으로 수그린 채 삼매에 빠진 듯 정지된 모습으로 여의주를 받들어 합장하고 있다. 일체의 미망에서 해방된 관념 이전의 상태로 바라보고 있는 이조차 그 순간 무아(無我)의 경지에 들게 한다. 어떻게 이미 죽은 왕의 모습을 이토록 깊이 있는 상징으로 나타낼 수 있을까.

    또한 숨 막힐 듯 정지한 용의 꼬리와 발들은 힘차게 엮여 강인한 생명성과 역동성을 이루고 있는데, 정(靜)인 동시에 동(動)이 되는 공시적 경지로 중국과 일본의 용에서도 그 예를 찾아보기 힘들다. 또한 봉덕사 성덕대왕 신종의 공양천인은 휘돌아 앉아 공양 올리는 정지의 모습으로 오히려 날고 있고, 육체의 근육질까지 표현된 듯한 사실적 조영으로 인간의 몸이 아닌 천인의 모습을 구현한 사실적 추상의 세계와 깨달음의 세계로 이끄는 원음(圓音)의 소리를 들려준다.

무열왕릉 이수
삼매(三昧)에 빠진 듯한 정지의 모습으로 여의주를 받들고 있는 여섯 용은 꼬리와 발들이 힘차게 엮여 영원한 침묵과 역동성을 공시적으로 이룩하고 있는, 신의 경지를 이룩한 인간의 기교이다.

경주 신라왕릉
웅대하고 완성된 형태가 아닌, 평범한 언덕으로서 잡초들만 춤을 추는 봉분은 아무것도 없음으로 아름다움을 넘어선다. 그 아름다움은 모든 크기를 능가하며 지상의 어떤 왕들보다 거대하게 누워 있다.

기자의 피라미드
장대한 피라미드는 사막의 자연과 조화는 물론 또 다른 자연으로 자연을 초월한, 신이 된 인간을 본다.

    이러한 조형 수준을 갖고 있던 시기의 신라왕릉은 아무런 기교가 없는 잡초만 우거진 평범한 언덕이다. 왕의 무덤이지만 아무것도 조영한 것 없이 호석만 있을 뿐이다. 그러나 가까이 가면 주변의 산과 연이어져 관념적으로나 실제적으로 산처럼 크게 보인다. 피라미드처럼 가장 웅대하고 완성된 형태를 경쟁하듯 지은 것이 아닌 크고 작은 것이 별반 구분되지 않는, 인간이 만든 또 다른 자연이다. 봉분에는 잡초들만 춤을 출 뿐, 조선의 백자와 같이 아무것도 없음으로 오히려 아름다움을 넘어선다.

    여기에 우리의 미를 특정 지을 수 있는 미의식의 원형이 있다. 서양의 그리스가 이룩한 '조용한 위대'처럼 이데아가 유출되는 궁극적 미의 실현과 비슷하면서도 다르다. 동양적 사유는 관념적인 동시에 경험적인 객관적이고 실재론적 성격을 가졌다고 할 수 있다. 유(有)와 무(無)를 근간으로 하는 본체론적 인식과 자연과 명교(名敎)로 대표되는 현실적인 삶을 천(天) 또는 도(道)라고 하는 관념론적 논의로 연장시켰다. 미학적인 도학으로 드러나는 가치 표상적 사유로는 인지할 수 없는 면을 가진다. 이것이 동양의 사유가 가지는 또 다른 심원함이다. 단순한 고전적 균제미나 소박한 정제미, 조화에 이른 자연감 혹은 무위와

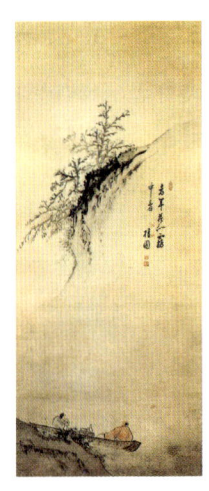

비어 있음을 통한 여백의 미 등 기존에 설명된 아름다움은 동·서양의 뛰어난
작품에서 발견되는 발전된 인류 미의식의 보편적 개념이다. 하지만 그것만으로
한국의 조영을 설명하기에는 역부족이다. 우리의 미는 자연만큼 아름답고
우주의 신비만큼 현묘한 무공(無空)으로, 어디에서도 오지 않고 그 무엇에도
의지할 필요 없는 인간으로서 하늘의 조화를 부리는 현세적 신성(神性)의 경지를
광대함으로 추구했다.

   그것은 인류가 성취한 위대한 세계와 대등한 수준의 하나로서 신을
추구한 인간의 유위(有爲)적 조형과 무위(無爲)의 조형만으로는 이룩할 수 없었다. 건축이
자연과의 합일(合一)보다는 자연을 인간의 것으로 만들기 위해 천지의 형기가
응축된 자신의 자리에서 자연을 주체적으로 수용하고 응하는, 즉 개별이
독자적으로 확대하여 우주 전체와 융화되는 연관을 맺으려 하였다. 문(文)으로
대별되는 인공과 자연을 자신의 것으로 삼고 보태어 영원한 형식으로 만들고,
천리(天理)로서 건축을 극대화 시키고 순응하여 인간과 우주의 합일을 통해 삶을
극대화 하려 한 것이다. 그래서 비어 있는 우주적 질서를 유위인 동시에
무위로서, 유위도 극복하고 무위조차 초월하고자 하였다. 동양의 건축 중 특히

김홍도의 〈주상관매도〉
여백이기보다는 아무것도 가지지 않음으로 전체를 가지려고 한 형식이다.

천지
천지와 인간의 합일은 자연을 자신의 것으로 삼아 삶을 극대화하였다.

창경궁 명정전의 〈일월오악도〉
우주적 원리의 중심에 앉아 천리(天理)로서 세상을 밝게 하기 위하여 스스로를 다잡는 그림.

우리의 전통 건축은 마치 유·불·선이 하나로 회통한 듯 천지와 어깨를 나란히 하였다. 또한 평상심과 신성의 세계를 공시적으로 이룩한 세계로 형이상학적 도의 신성을 실현한 형이하학으로서 산은 산으로 나아가고 물은 물로써 나아가 능수능연하고, 맑은 빛으로 이룩한 깊고 유현한 '명묵(明默)의 건축'으로 정미한 동시에 태연하였다. ◎

⊙ 병산서원 만대루

병산서원 만대루는 비어 있음으로 인해 질서는 있으되 구속이 없는 "공간이 누릴 수 있는 최대의 자유"로서 우주와 같이 자율적으로 생동하는 청허(淸虛)의 체계를 이룩하였다. 만대루가 이룩한 허의 체계는 자연을 내부로 유입하고 보이지 않는 경계의 차원까지 포용함으로써 자연을 완성하고 우주를 평온하게 포용한다.

허와 질서

천강天江이 흐르는 예적禮的 질서

병산서원
만대루

만대루는 좌우대칭의 위계를 지니지만 끝없이
비어 있어 자유로운 무형의 질서를 이룩한다.

입교당에서 본 만대루 전경
수평의 빈 만대루 공간은 앞을 막고 있는 앞산을 없는 듯 틔우고, 공중누각 위로
떠 있는 듯한 강물은 천강(天江)이 되어 흐른다. 좌우의 건물로 막혀 있는 천강은
시작과 끝이 보이지 않아 천지 밖으로 아득히 흘러 태연하다.

만대루 측면
위압감 하나 없이 단장하여 사라진 듯 비어 있는
만대루.

깊은 강물에 몸을 내려놓은 채 태고부터 그 자리를 지켜 왔던 병산을 따라 屛山
'예로 돌아감이 인'이라는 복례문 앞에 선다. 그 평범한 문 너머 만대루는 禮 仁 復禮 晚對樓
두보의 오언시 〈백제성루〉 중, "푸른 절벽은 오후 늦게 대할 만하니"라는 百濟城樓
구절에서 이름을 얻은 누마루로 유생들이 풍광을 즐기고 시회를 열었던
곳이다.

      예학에 있어서는 퇴계보다 낫다는 서애 유성룡은 풍산현의 도로변에 西厓 柳成龍
있던 풍악서당이 "학생들이 공부하기 적당하지 않다" 하여 영기 서린 豊岳 靈氣
이곳으로 옮겨, 문의를 깨치고 가르치는 학문의 즐거움을 누렸다. 文義

      천고의 주역 이치를 千古羲文學
      삼 년 동안 앉아서 연구했다네 千古羲文學
      마음속엔 푸른 벽이 섰는데 意中蒼壁立
      음미하는 옆엔 저문 강물이 깊네 吟外暮江深

그는 오언시 〈연좌루추사〉에서 푸른 벽과 같은 병산을 마주 보며 자연과 燕坐樓秋思
함께하는 도학적 수행의 분위기를 통해 유학자들의 실천적 삶과 자기 성찰의
모습을 담고 있다. 복례문의 이름과 같이 예로 표현되는 좌우상하의 위계가
뚜렷한 대칭적 구성의 질서는 자유로운 자연적 질서의 모습으로 의도적
위계가 없어 자연과 분리되지 않는다. 그것은 하늘의 질서를 도덕적 질서로
환원시킨 미학이며, 유교의 가르침을 외연적 질서로 드러낸 도장이기도 하다. 道場

아름다움과 도덕성이 만나는 예적 질서

질서란, 개념 이전의 존재 법칙으로 모든 생명의 자율적인 미적 실체를 말한다.
마치 '파도가 스스로 해안선을 넘지 않는 절제로 인하여 아름답고' 언어적
표현이나 시의 운율이 질서로서 그 의미를 설정하듯, 이성적 질서와 미에 대한
의식적 결합은 자율적 질서의 아름다움을 낳는다. 유교는 질서제도의 근거로

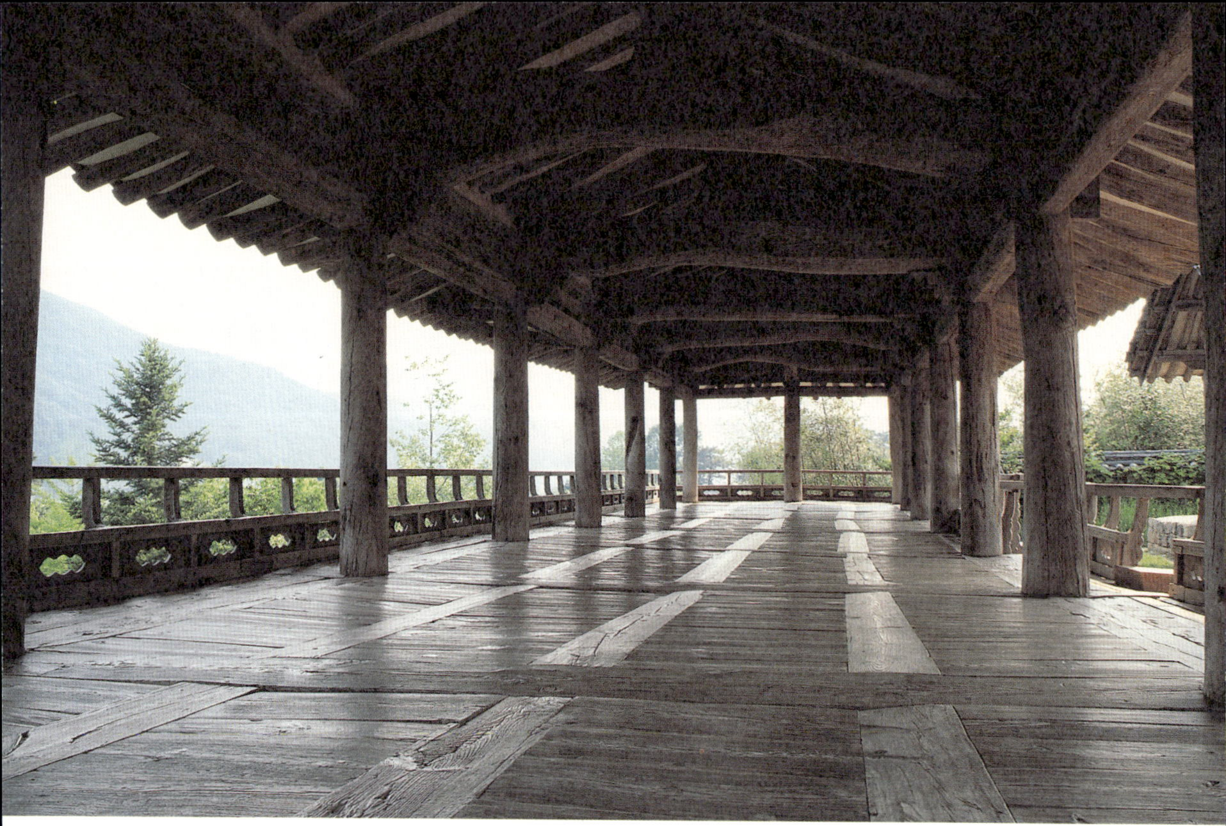

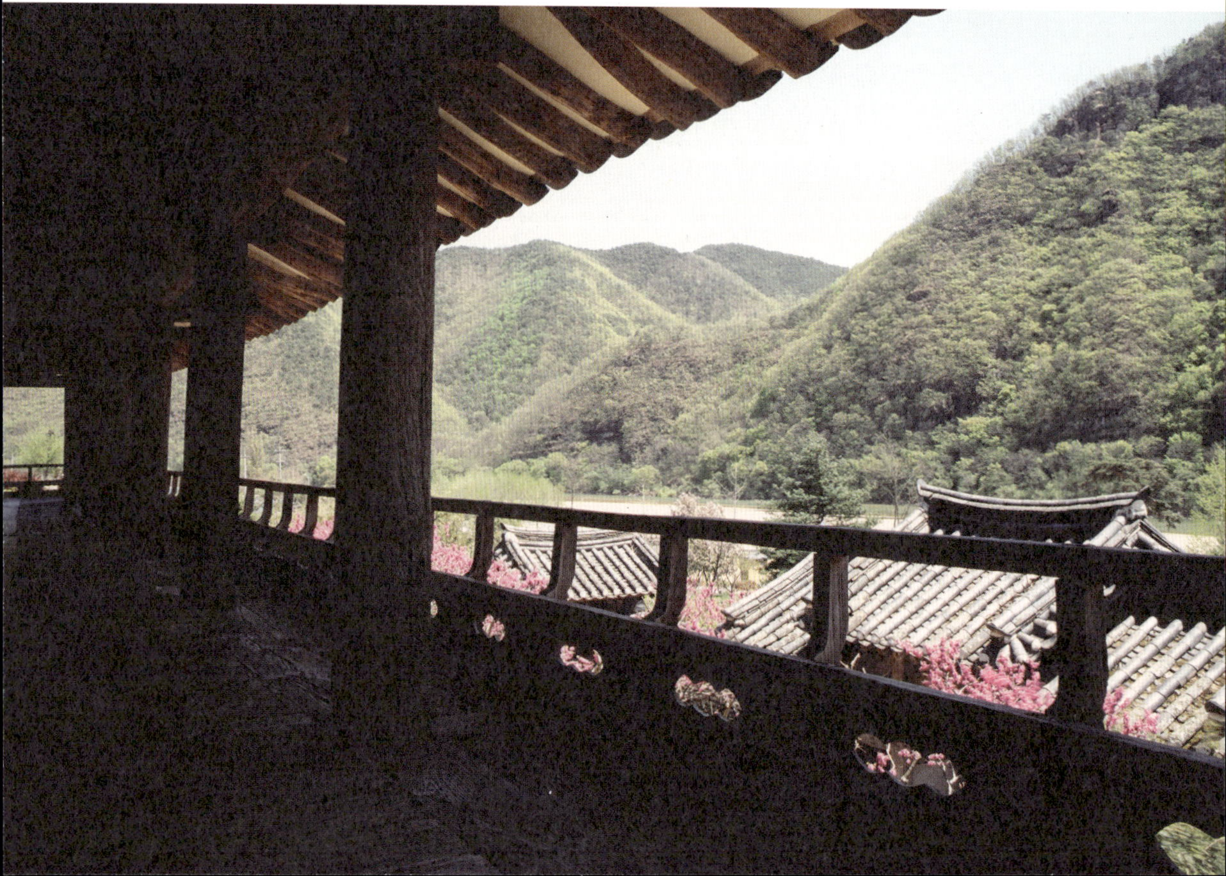

하늘이 아닌 인(仁)에 의거하였다. 하늘이 준 인간 본성의 마음을 준비된 평정인 중(中)에 머물게 하여 충(忠)의 정미한 고요함으로 나아가려 했다. 아름다움은 형식적 속성의 발현이 아니라 존재의 미를 드러내는 인간 본성의 궁극적 질서의 현현이다. 그러기에 미(美)는 형식과 이념이 보다 근원적인 통찰로 나타난 예(禮)로 표현되었으며, 그것은 곧 아름다움과 도덕성이 만나는 것이다. 그 미적 이상은 하늘과 자연이 인간을 교화하듯 도(道)의 실천으로 이루어지는 감화에 궁극적 관심을 가진다.

  인을 인간의 가장 근본적이고 참된 정감으로 설정한 것 같이 완전함을 지향했기 때문이었을까? 유가 미학은 서양 철학에서는 찾아보기 힘든 관념과 실천적 측면의 이중적 체계를 가진다. 유가(儒家)는 예로써 말할 수 있는 형식적 질서를 아름다운 것으로 인식했고, 그 미는 선(善)의 세계로 욕망을 극복한 도덕적 자아의 실현을 위한 중요하고 보편적인 규범으로 설정하였다. 그러기에 자연의 특성을 유기적이고 아름다운 형식이 아닌 미와 선으로 보았다. 자연에 비추어 자신의 감정을 미로 깨닫고, 다시 자연을 통해 자기를 돌이켜 보는 방식은 성정을 도야하기 위한 미적 수행이었다. 그것은 장차 국가를 경영할 통유(通儒)로서의 유생들을 입신양명(立身揚名)의 현실적 욕구에 머무르지 않고 자연의 이치를 연구하여 체득하고 지(知), 즉 이(理)를 밝히는 격물치지(格物致知)를 통해 수심을 양성하고 자신을 함양하여 시대를 제도하는 군자가 되게 하였다. 이기심을 버리고 미와 선을 향한 보편적인 방법인 예(禮)로 함치되어 돌아가는 극기복례(克己復禮)를 통해 강요가 아닌 도덕적 실천을 즐겁게 수행토록 한 것이다. 학자적 선비들이 시(詩)·서(書)·화(畵)에 능하고, 예(禮)와 악(樂)을 중시했던 전인적 수행 방법을 택한 것도 "예악으로 문체가 있게 하면 덕을 이룰 수 있다" 했듯 미로 드러나는 진실을 알기 위한 고도의 방법이었다.

만대루 내부
공(空)하여 무형한 천도(天道)와 같이, 질서는
있으나 구속은 없고 정면과 좌우로 멀리 있는 산을
긴 건물로 가까운 듯 아득하게 품는다.

만대루 하부
정면에서는 강직하나 측면과 뒷면에선 곡직한
기둥만으로 모든 것을 포섭하여 균등하게 나눈
듯한 예묵(禮默)의 공간.

천리天理가 심미적으로 드러난 유가 미학

아름다움을 느끼는 것은 인간의 본능이다. 그 미적 본질을 모르고 하늘의 도를 이해하기 힘들다. 공자는 "천명을 일러 성이라 하고 그 성을 따르는 것을 도, 도를 닦는 것을 교^{天命之謂性 率性之謂道 修道之謂敎}"라 하였다. 성인^{聖人}의 경지에 이르러 왕도^{王道}를 펼치려 한 유교의 교화는 천리^{天理}라는 인간의 본성이 발현된 순리^{順理}로서 화^化하는 것으로, 그 순리가 심미적으로 드러난 것이 예^禮이다. 일반적으로 순차적이고 스스로 정화하는 효과를 낳는 사찰 건축과 달리 서원은 엄격한 질서의 체계로 지어졌다고 하나, 유가의 예적 질서란 지배적 위계가 아닌 예로 이루어진 위계를 말한다.

"예의 본질은 구별이며 악^樂의 본질은 동화"라 했듯, 만물은 순서에 의해 생존하며 친화하고 자연의 원리인 선^善을 베풀면 저절로 활^活하게 되어 화생^{化生}할 수 있다고 생각하였다. 병산서원의 건축적 질서도 이와 같아서 하늘처럼 항상 고요하고 시공으로 지속되는 중용의 도리로 위압하지 않는 순서와 친화의 체계를 가지며, 그 생명적 체계는 만대루로 인해 완성된다. 병산서원은 배산임수^{背山臨水}하여 안산^{案山}과 멀리 있는 조산^{祖山}을 관망하는 일반 서원과 달리, 앞산이 막고 있어 답답하고 급히 흐르는 강물로 인해 지기^{地氣}가 쌓일 틈이 없는 터라고 한다. 그러나 동서재의 툇마루와 만대루의 수평으로 긴 빈 공간은 무한 공간이 되어, 그 사이로 보이는 병산을 없는 듯 비어 있게 하여 산음^{山陰}으로 시야를 맑게 틔운다. 누마루의 높은 곳에서 물을 내려다보고 산을 마주하게 하여 높은 산을 낮게 만드는 건축으로 자연을 넘어선다. 또한 정면에서 보면 직선으로 강직하나 측면에선 휘어진듯 곡직^{曲直}한 기둥 위에 떠 있는 만대루가 좌우를 가려서 끝이 보이지 않게 한 수평의 빈 공간 사이로 낙동강은 천강^{天江}이 되어 공중으로 흐른다. 강물은 잔잔하게 흘러서 도도하며 천지^{天地} 저 밖으로 아득히 흘러 태연하다. 이곳에선 구속되지 않는 것이 구속이다.

병산서원은 구속함으로써 오히려 소리조차 없는 자유를 안겨 준다. 복례문을 들어서면 정면으로 비어 있고, 양옆으로도 연속적 허^虛의 체계를 이룩하여 속박함을 느낄 수 없다. 그러나 입교당에 이르는 질서적 위계는 스스로 다잡는 긴장을 낳는다. 단원^{檀園}의 〈인물도〉처럼 질서 속에 정좌하여 평안한 긴장이다. 입교당 사각마당의 공간적 틀은 점차 낮아지므로 거스름이 없고, 허(虛)만 남은 마당에선 밝은 빛이 나와 황량(慌漢)한 우주를 평온하게 포용한다. 그것은 현대 건축이 4차원의 통시적 시간 개념과 무한한 잠재력을 가진 비물질적 형태를 추구하는 것과 유사하나 다르다. 공간, 시간, 형태가 주관과 객관으로 동일시되는 체계로 유형을 이룩한 무형의 자연과 같다. 송나라 유학자 주돈이(周敦頤)는 태극이 움직여 양(陽)을 낳고 움직임이 극에 달하면 다시 고요하게 된다 하였다. 본질적으로 음양은 둘이 아니라 서로 상생하는 하나로서 무극인 허(虛)로 태극이다.

우주와 같은
자율적 허(虛)의 체계

《관자(管子)》에서 "천도(天道)는 공(空)하여 무형(無形)하다"고 하였다. 건축 역시 근원적으로 유형과 동일한 허의 체계를 이룩하려 하였다. 빈 만대루, 동서재의 빈 툇마루와 비어 있는 방, 그리고 입교당의 빈 마루와 빈 방까지, 유와 무의 동시적 허의 체계는 시작이 없는 허실상성(虛實相成)의 순환적 체계로 우주와 같이 생동하는 자율적 청허(淸虛)의 체계이다. 질서로 구속하는 허와 실의 체계인 서양 건축의 일반적 구축법과 달리, 관계적 속성의 허와 실의 비어 있음으로 인해 질서는 있되 구속은 없으며, '불확정한 개념의 공간 도입은 그 공간이 누릴 수 있는 최대의 자유'인 것과 같이, 허의 체계는 자연을 내부로 유입하고 실재를 암암리에 삭제하여 보이지 않는 경계의 차원까지 포용한 무한 차원을 인식하게 한다. 주역에서 신(神)은 변화는 형체와 종적이 없다 하였고, 성리학에서 우주의 본체라고 할 수 있는 이(理)는 능수능연하고 드러나지 않는 허명의 '모습 없는 모습'이듯 그것은 실재를 장식하는 형식과 같은 수평·수직적 크기와 질감과 형태에서 벗어나 있다.

자기 자신을 최고 경지로 이끄는 것을 인간 본연의 과제로 설정한 유교는 만물에 대한 겸허와 존경이라는 내적 감정의 조화와 균형을 통해 기를 지배하고, 도를 이루려 하였듯 형체 없는 평범한 형태와 색칠 없는 목재의 순수성은 푸른 하늘의 밝은 해처럼 감추어진 것이 없는 명확한 구도와 같고, '큰 옥은 다듬지 않아도 그 바탕이 아름답듯' 바람과도 같은 무색무취의 질료성은 오히려 청빈하나 냉정하고 부동하여 범접할 수 없는 성인을 마주한 듯하다. 맹자는 중용을 따라 "나는 모든 것을 갖추고 있다. 밖으로부터는 萬物皆備於我 初非有待於外 아무것도 오지 않으며, 아무것도 기댈 필요가 없다"고 하였고, 자신에 대한 비판의 기준을 세상이나 타인에 두지 않고 높은 도덕적 도의 관점에서 설정한 유성룡은 "족히 무릎이 용납되는 작은 방에서, 서면 산이 보이고 숙이면 강이 보이는 곳에서"라는 뉘우침으로 시작하는 «징비록»을 찬술하며 말년을 懲毖錄 보냈다. 그것은 회한을 지성과 정한으로 녹이는 절절한 아름다움이자 초극적 자기 인식을 가진 인생의 완성된 모습이다. 낙향은 입세적 형태의 또 다른 落鄕 入世 실천적 도학의 구현이었고, 병산서원은 '예악형정의 제도 문물이 각자가 지닌 禮樂刑政 당연한 도리에 따라 이루어지듯' 저절로 그러하다. ◎

건축가 토요 이토(Toyo Ito)의 바람의 탑
4차원의 통시적 개념과 무한 잠재력을 가진 비물질적 형태의 현대 건축.

단원 김홍도의 〈인물도〉
정좌하여 있으나 평온하고 허와 실의 의복과 색과 무색이 동시에 여실(如實)하여 범속하지 않다.

자연과 건축

반 칸으로 지은 청풍명월 淸風明月

담양
면앙정

아름다움에는 여분의 관심도 없는 듯
엉성하게 큰 지붕의 검박한 면앙정 외관.

면앙정 내부
비어 있는 그림자와 같은 작은 정자이나 실내에선 4면의 각기 다른 우주를 경영하고 있다.

십 년을 경영하여 초려 한 칸 지어 내니
반 칸은 청풍이요, 반 칸은 명월이라
강산은 들일 데 없으니 둘러 두고 보리라.

송순(宋純)은 1524년 담양 향리의 산전을 구입하고 십 년 동안 누정을 짓기를 염원하다, 나이 41세 대사헌직에서 물러나며 비로소 면앙정(俛仰亭)을 건립하였다. 그때 쓴 것으로 추정되는 시조 〈면앙정잡가(俛仰亭雜歌)〉에는 건축은 없고, 청풍(淸風)과 명월(明月) 그리고 강산만을 노래하여 현판으로 걸어 두고 있다. 십 년을 바랐던 집은 검박한 초당 한 채였다. 검소한 인생을 보낸 이는 많지만 소박함을 숭고함으로 남긴 이는 많지 않다.

청개(淸介)한 명현(名賢)으로 당세에 존중된 송순의 문집을 보지 않았더라도 그가 지은 면앙정만으로 그 현덕을 느낄 수 있다. 사색당쟁이 난무했던 시대, 관용과 대도(大道)의 삶을 살고자 했던 그는 "맑은 바람이 불어 지남이 없었던들 술에 취한 어두운 한평생을 어떻게 면했을까" 하고 토로하였다. 어지러운 시대를 사는 현자의 고뇌와 회한은 오히려 고결하고 위대하다. 그의 생애에서 중요했던 것은 혼탁한 시대를 사는 괴로움이 아니라 그럼에도 인생은 경이롭다는 것일 게다.

송순에겐 더불어 살아가는 자연이 있었다. 시인의 통찰에서 비롯된 창조된 자연이다. 자연을 노래한 위대한 시인은 많다. 그러나 만일 송순이 우주의 대도를 논하지 않았고, 기존의 정자와는 다른 격을 가진 면앙정을 짓고 즐긴 자가 아니었다면 그 감동의 깊이는 별 차이가 없을지도 모르겠다. 그는 '땅을 굽어보고 하늘을 우러러본다'는 이름의 면앙정을 통해 자연을 품에 두고 즐기고자 했다. 그 안에서 마치 우주를 제집처럼 느끼며 청풍을 끌어 놓고 명산을 들여놓아 나머지 반 칸의 방과 마루에서 들여놓지 않은 강산(江山)은 주변에 흩어 두고 보려 했다.

면앙정 입구
땅속으로 스며들어 간 듯 형태는 없고 흔적만 있는 초입의 계단.

> 아름다움에는
> 여분의 관심도 없는 형태

무등산의 한 줄기가 뻗어 나와 넓은 들에 제월봉이 되어 우뚝 솟은 곳. 땅속으로 스며들어간 듯 형태도 없는 계단으로 소나무와 대나무를 헤치고 올라가면 무작위작(無作爲作)의 평범한 건물이 있다. 아름다움에는 여분의 관심도 없이 하늘조차 무심하게 바라보는 면앙정의 외관은 주변 천리에 이르는 자연을 '구름 위 푸른 학이 두 날개를 벌린 듯' 유난히 넓은 지붕으로 다 안고 있다.

풍수지리가 존재하지도 않는 좋은 땅을 찾으려 함이 아니다. 바람과 물의 이치를 응용하여 기(氣)를 얻는 법술이었으며, 기의 이합집산 상태인 만물을 이해하기 위한 방법이다. 대지와 인간의 관계를 보완하고 상응하기 위해 전체를 파악할 수 있는 한 부분을 선택하여 일체의 대상을 자신의 것으로 명백하게 하며, 전체와 연관 짓게 하여 이(理)를 체득함으로 나아갔다. 광활함이 적당하고 오묘함이 적합하도록 자연을 극대화 하기 위해 경영한 철학과 방법인 것이다.

정자의 동쪽으로는 여러 굽이의 나지막한 산을 그대로 두고 있다. 그러나 다른 세 면은 자연을 극대화하고 보완하여 비로소 인간과 자연을 혼연일체하게 한다. 서쪽으로는 낭떠러지가 있고 낮은 산은 멀리 있기에 세 그루의 큰 잣나무를 심어 벽과 기둥같이 하였다. 이는 넓은 마루와 유기적 관계를 맺게 하여 낭떠러지를 안온(安穩)하게 하고 먼 산은 편안하게 점진적으로 끌어들인다. 삼나무만 빽빽한 평범한 언덕만 있는 남쪽으로는 또 한 그루의 잣나무를 심어 벗으로 두어 즐기게 하였다. 정자 뒤편 북쪽으로는 깎아지른 푸른 벽이 있어 막힌 난간으로 아늑하게 하였다. 가사 〈면앙정가〉에서는 넓은 들의 긴 하늘 아래 줄 지어 펼쳐 있는 12개의 영산을 "산인 듯 병풍인 듯 그림인 듯 허공에 벌어져 있는데 옥천산에서 내리는 물이 푸르다 못해 하얀 백탄(白灘)이 되어 밤낮으로 잇달아 퍼져 흐르고 있다" 하였다.

반 칸의 방에서 나와 반 칸의 마루로 합쳐진 한 칸 방은 광활한 자연을 눈 아래 굽어 두게 한다. 더 이상 작을 수 없는 반 칸의 방으로 가둔 '조물주가 야단스레 꾸민 자연'은 무변무제(無邊無際)의 끝없는 공간으로 사라진다.

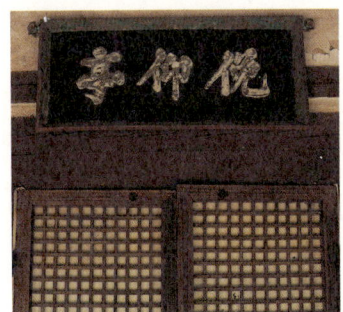

면앙정 외부
사각형의 빈 마루와 반 칸의 작은 방만으로 천지를 품에 안은 정자의 외관.

면앙정 현판
'멀리 땅을 굽어보고 하늘을 우러러본다'는 현판.

프랭크 로이드 라이트의 낙수장
자연과 폭포를 건물로 끌어들인 유기적 건축.

이정의 〈통죽도〉
그림자와 같은 대나무에 사실적 마디와 잎으로
유와 무를 동시에 실현하고, 바람에 흔들리는
잎새는 굵은 대의 침묵과 합하여 생생함을
구현하였다.

면앙정 내부
좁은 곳에서 장대한 자연을 둘러보도록 한 단 높은
북측의 반 칸 마루방과 열리고 막힌 난간.

건축이 되어 버린
자연과 나무

면앙정은 정자만 건축한 것이 아니다. 네 그루의 잣나무 역시 조경이 아니라 자연을 공간으로 느끼게 하는 건축으로 치환된 장치이다. 비어 있고 막혀 있는 여러 가지 난간의 형상과 넓은 마루와 지붕으로 담은 자연은 건축의 일부가 되어 반 칸 방 면앙정의 크기와 경계를 알 수 없게 만든다. 전통 건축에서는 자연을 꾸미는 조경은 존재하지 않는다. 나무를 심는다는 것은 자연의 부족한 부분을 메워 주어 자연을 더욱 자연스럽게 존재하게 한다. 자연 역시 건축이 되고 건축 또한 자연이 되는 혼연일체의 상합(相合)으로 심원하고 끝없는 신의 경지, 즉 생명의 경지를 이루어 마치 건축을 살아 있는 듯 독자적 존재로 확대하려 하였다.

자연과 폭포를 넓은 데크의 건물로 끌어들인 미국의 건축가 프랭크 로이드 라이트(Frank Lioyd Wright)의 낙수장과 같은 유기적 건축처럼, 서양 건축 또한 건축과 자연의 경계를 무화시킨 탈(脫)경계 건축을 통해 자연과 조화를 이루고 통합하려 하였다. 그러나 자연과의 조화는 형태나 가치의 표현 방법에 불과할 수도 있다. 서양의 조화가 물질과 가치 체계로서 자연과 건축의 유기적 조화 관계에서 나아가 정미한 비움으로 유출되는 완전함을 추구한다면 동양은 물질의 내부를 비어 있는 체계로 보았다. 동양의 건축은 자연에 순응하고 유기적인 조화를 이루려고 한 일종의 자연 모방이기보다는 자연과 동일한 체계의 허(虛)로 이룩한 생명으로 정미하고 태연한 인위였다.

조선에서 대나무를 가장 잘 그렸다는 이정(李霆)의 〈통죽도(筒竹圖)〉가 그림자와 같은 담묵의 대나무와 농묵의 잎, 흔들거리는 잎새와 침묵하는 굵은 대를 통해 동시적 시공간을 존재케 함으로써 명확히 포용하고 더욱 확장된 의미를 가진 생동하는 대의 특성을 담아냈다. 면앙정 역시 인위성과 자연성조차 드러내지 않는 명확한 그림자와 같은 모습으로 삶을 담는 터전인 동시에 자연과 상합하는 도학적 매개물이며, 무한을 바라보게 하는 예술적 역할까지 신비롭고 효과적으로 해낸다. 경이로운 무위적 공간의 틀은 문이 열리고 닫히는 데 따라서, 마루에 서느냐 난간에 기대어서느냐에 따라 평범한 자연의 세계를 다른 세상으로 바꾸어 곳곳에 출현시키고 일상적인 사물을 새롭게 보이게 만든다. 도처에서 세상은 빛을 내며 본래의 성정을 드러낸다.

　　천리天理를 담아내는
　　무심의 공간

"모든 것은 신성한 의지로서 그 자신을 초월하려 한다. 물은 더욱 푸르러지려 하고 먼지는 생을 가진다. 물조차 먼지조차 스스로 신성을 가지려 한다"는 괴테(Johann Wolfgang Von Goethe)의 범신론적 입장은 이곳에서 터득된다. 면앙정에서 송순은 자연과 자아가 합일하고 융화하는 체험을 일상처럼 했을 것이다. 마치 우주의 섬 같은 확장감으로 전체의 부분은 무한대라는 사유의 자유를 누렸을 것이다. 집 역시 정자 가까이에 있었는데, 송순의 부인은 그가 손님을 접대하고 일을 처리할 때 이곳에 있기를 좋아했다 한다.

　　조정이 비록 무익하고 패악하였다 해도 자연과 철학이 있는 이들을 비관적으로 만들거나 오염시킬 수는 없었다. 실제로 조선 전기 양반 시조만 봐도 정철鄭澈의 〈장진주사將進酒辭〉를 제외하면 죽음을 노래한 경우가 흔치 않다. 천하를 정복하여 자기 것으로 가진다는 것과, 우주와 하나 되어 모든 것의 주인이 된 충족감은 엄청난 차이가 있다. 깊은 내재성과 천연天然한 자연스러움의 결합으로 얻은 끝 간 데 없는 하늘이 빌려 준 자유로움이며 무심無心이다. 정자 건축 역시 선비의 미학이 구현된 삶의 장소로서, 예술적 기교가 무색한 천리를 담아내는 무심의 공간이어야 했을 것이다.

　　꽃을 보고 아름답다고 하는 사람은 많다. 그러나 아무것도 없음을 아름답다고 말하는 자는 드물다. 아무것도 없는 반 칸의 초당 한 채만으로 송순과 조선의 여러 선비들은 자연과 철리哲理를 설진設盡하고 호연지취浩然之趣하며 "바람도 하려 하고 달도 맞으려 하며 떨어진 꽃은 뉘 쓸려는가" 하였다. 청풍과 명월만으로 "이 땅의 자연 속에 사는 삶만으로 마음을 놓고 사니 신선이 어떻던가 이 몸이 그것이라" 하였으니, 면앙의 이름과 같이 눈 아래 광야로 건너가기도 하고 장공長空의 먼 하늘로 떠나기도 한다. ◎

면앙정 마루
같은 마루이나 앉은 자리에 따라 도처의 사물들이
달라 보이며 성정을 드러내게 한다.

완성과 무명

빛을 실현한 바람의 집

해 인 사
장 경 각

밑으로 오목하여 곧게 뻗어 오른 곡직(曲直)의
일주문 길은 아무것도 없이 단지 휘어 있음으로
도도하게 아름답고, 내려가는 듯 올라가게 하여
사람을 편안케 한다.

해탈문의 앞마당
한켠으로 치우친 해탈문과 국사당의 배치는 절제와
비절제의 대립적이고 상대적인 것을 초탈한 듯
편안하게 열반의 세계로 열려 있다.

'붉은 노을의 문(紅霞門)'으로 불리는 해인사 일주문에 서서, 봉황문으로 이어지는 백여 미터 남짓한 산길을 바라본다. 때마침 석양의 남은 빛은 인기척 없는 산중의 흙길을 비스듬히 비춘다. 법을 찾는 납자(衲者)를 맞기 위해 산사의 앞길을 빛으로 쓴 것 같다. 반사된 빛으로 불그레한 땅바닥은 우주의 실상이 고요한 흙길 위에 비친 해인삼매(海印三昧)와 같은 대적광토(大寂光土)의 초입이다.

      한국 건축의 아름다운 일주문 길 중에서도 가장 이름 나 있는 이 길은, 일직선으로 곧지만 무지개를 거꾸로 놓은 듯 오목하게 휘어 있다. '구부릴 수 없는 바다의 수평선'과 같이 곡선은 직선 속에 있고, 직선은 곡선 속에 있는 곡직의 선이다. 높은 곳을 향해 올라가기만 하는 것이 아니라 내려가는 듯 오른다. 그것은 앙코르와트 사원과 같이 직선으로 물을 가로지르는 장대한 만다라(曼陀羅)의 길도 아니며, 정점을 향해 올라가는 피라미드 신전의 경이로운 길도 아니다. 또한 타지마할의 물에 비친 하늘의 길과도 다른, 세계 건축사에서 일찍이 보지 못했던 평범하고도 평범한 길이다. 곧게 휘어 있을 뿐 아무것도 없어서 가볍고, 밝으나 고요한 명적(明寂)의 길이다. 가슴 시리도록 도도한 이 길 앞에 서서 아름답다고만 말하면 눈으로만 보는 아름다움이 된다. 스스로의 형식을 갖고 있지 않아 어떤 말로도 형언할 수가 없어 그저 마음으로 바라만 볼 뿐이다.

      대 적 광 토 의
      화 엄 세 계

'봉황문'으로 불리는 사천왕문을 지나면 절제와 비절제, 선과 악, 시(是)와 비(非) 등과 같이 대립적이고 상대적인 것을 초탈한 해탈문의 앞마당에 들어선다. 계단 오른쪽에 있는 국사단의 배치가 특이하다. 대칭적이지 않으나 대칭적인 것 같은 파격적인 해탈문과, 계단의 위치와 진입로 등 모든 요소들이 무절제한 듯 보이나 편안하게 아무 걸림이 없는 열반(涅槃)의 세계로 열려 있다. 일관된 질서 속의 부분으로 총체적 완결을 추구했던 유교 건축과는 다른, 제법(諸法)이 평등하여 고하(高下)의 차별이 없고 유위와 무위의 차별이 없는 불교적 조영의 공간이다. 그러나 해탈문을 지나 구광루 아래로 진입하여 대적광전과 장경각을 올려다보게 되던, 건축적 경관으로 이룩한 비로자나불의 연화장 세계는 기존 건물이 철거되고 새 건물이 들어서면서 더 이상 볼 수 없게 되었다.

건축은
자연의 완성

그 연화장 세계 너머로 〈팔만대장경(八萬大藏經)〉 판각전이 있다. "허공에 가득 찬 시방(十方)의 한량없는 부처님과 보살님과 제석천왕과 삼십삼천과 모든 호법영관께 비옵니다"로 시작되는 이규보의 발원문은 임금으로부터 신하와 백성에 이르기까지 간절한 국가적 염원이었다. '오천만 자에 이르는 글자의 꼴이 한 사람이 쓴 듯 일정하며 정교하게 이루어져 있다'는 〈팔만대장경〉에 바쳐진 정성은 판각을 한다고 거란이 물러날 것으로 생각하여 부처님의 위신력에 의지한 것만은 아니다. 판각을 통해 민족적 염원을 한곳으로 모으고 종교적으로 승화된 발원을 통해 피폐한 백성들에게 허공에 가득 찬 부처님의 위로와 희망을 주고, 동시에 국가의 철학과 정신을 바로 세워 나라를 새롭게 만들겠다는 정치적 이상을 종교적 실천으로 엮어 이룩한 것이다.

한 자씩 새길 때마다 절을 한 번 하였다는 지극의 정성으로 완벽한 장경을 이룬 것같이, 고려 말 혹은 조선 초로 건축 연대가 추정되는 장경각 역시 엄격한 과학적 정신과 불법의 경지로 이룩된 건축이었다. 일찍이 아리스토텔레스(Aristoteles)는 "자연은 인공적인 것에 의해서 비로소 완성된다" 하였고, 공자 역시 "천지만물과 어우러져 인문세계를 창조하는 것이 미완성의 천지를 완성"시키는 길이라 하였다.

완성의 의미와 방법은 동서양이 서로 다르겠지만 건축의 이상은 자연과의 조화가 아니라 자연의 완성에 있다. 조화가 이상이라면 건축을 하지 않는 것만큼 자연과 조화로운 것은 없다. 자연과 동등하거나 그 이상의 천리적 경지로서 자연을 더욱 풍부하게 할 수 있을 때, 건축은 자연과 일합(一合)한 것이며 천지의 한 부분을 점유할 수 있는 명분을 획득하게 된다.

장경각 중정

존재와 무를 공시적으로 이룬 듯한 장경각의
사각 마당은 공간조차 물질이 되고 물질조차
공간이 된 듯하여 범범하고, 또 범범한 외관은
익명과 무명성의 건축으로 불법(佛法)을
외호(外護)하고 있다.

타지마할 정면

장대한 하늘만을 배경으로 가지는 도도한
화려함은 햇빛과 달빛, 바람과 물 등 자연의 모든
요소를 품에 담고 확장한다. 망루 사이의 허공과
움푹 들어간 창으로 있음으로 없음의 형태까지도
다 가진다.

빛과 바람의
집

천리적 건축의 경지를 장경각 건축에서 볼 수 있다. 토양과 숯, 석회 등으로
성토하여 기존의 지면에서 벗어나 땅의 습기로부터 판각을 보호하였다. 그와
함께 햇볕이 잘 들어 습기를 말리고, 통풍이 잘 되어 습도 조절을 원활히
하기 위해 대지를 높게 올렸다. 또한 창의 크기가 상소하대인 것은 통풍 (上小下大)
때문만은 아니다. 남쪽 하부의 큰 창으로 빛이 풍부하고 깊게 들어오게 하고,
경판에는 반사된 빛만이 비치게 하여 땅을 마르게 하는 동시에 온습도 차이를
조절하였다. 그러나 기술적 문제의 해결은 건축적 관심의 시작일 뿐이다. 더욱
중요한 것은 그곳에서 부처님의 법을 만나게 되고 법을 보존하여 사람들을
열반의 경지로 이끄는 실질적 역할을 하는 동시에 상징적 장소가 되는 데 있다.
법보(法寶)를 봉안한 건축은 너무나 평범한 맞배지붕의 초익공계 일자 (初翼工系 一字)
건물이다. 108개의 기둥들로 직사각형의 중정(中庭)을 만들고 있을 뿐 일자의
긴 벽은 아무 장식 없는 평범한 살창으로 이루어져 있고, 내부 역시 판각들만
수직으로 꽂혀 있다. 단청조차 있는 듯 없는 듯한 빈 공간일 뿐이다. 마치
조선 중기의 대표적 화가인 김시(金禔)의 〈한림제설도(寒林霽雪圖)〉와 같이, 눈을 그린 것은
하나도 없으나 눈 오는 밤의 천지와 사물이 생생(生生)하여 존재와 무(無)를 공시적(共時的)으로
이룩한 것과 같다. 공간조차 물질이 되고 물질조차 공간이 되어 모든 요소가
빛으로 나아가 침묵하는 광대무적(廣大無寂)의 세계이다. 그림과 같은 장경각의 범범(凡凡)한
외관은 인류가 추구한 장대한 건축과는 달리 건축가를 드러내지 않으며 누가
설계하였는지 관심도 가지지 않게 만드는 익명과 무명성으로 불법(佛法)을 외호(外護)하고
있다. 실재함에도 비실재적이고 익명의 초월적인 느낌을 자아냄으로 인해,
이른바 칸트의 '경험과는 무관한 선험적 공간'이 아직도 유효함을 증명케 한다. (Transcendental)
그 무명의 방법은 기실 사실적이다. '존재하려는 모든 시현(示現)의 방법은 피동적인
관계로만 표명'되는 것처럼 가장 실제적인 모습은 무명과 비실제적으로 보이는
것이다. 실제적인 것이 없는 일주문 길의 빛나는 흙길 같이 법보의 공간으로
들어온 사람들은 빛의 융단만을 밟으며 법을 배관하게 된다. 하부의 큰 창으로
들어온 빛은 창살의 그림자와 함께 범중(凡中)한 흙바닥을 빛의 길로 변전시킨다.

그러나 법은 통로 측면에 있어 법문의 내용은 보이지 않고 높고 깊게 침묵하는 팔만사천 묵언(默言)의 공간만이 무한처럼 있을 뿐이다. '한 일(一)'자의 단순한 평면은 많은 것을 제공하지 않는 형식이다. 그 깊은 무한은 설법을 청하지 않아도 40년 설한 법음(法音)을 무공(無空)의 간(間)으로 설하는 듯 무한하게 느낄 수 있는 형식이 되어, '지금 바로 이 자리가 원각도량(圓覺道場)임'을 깨닫게 한다. 법열조차 침묵하게 하고 빛과 바람만이 원적(圓寂)으로 무애자재(無礙自在)할 뿐이다. ◎

김시의 〈한림제설도〉
그린 것이 아무것도 없는 것 같으나 눈 오는 밤의 천지가 생생하여 존재와 무(無) 모두가 사라진 빛으로 공적(空寂)한다.

장경각 내부
하부의 큰 창으로 들어온 빛은 땅바닥만을 비추어 창살의 그림자와 함께 범중(凡中)한 흙바닥을 빛의 길로 변전시킨다.

◉ 여수 진남관

아무런 욕망도 없고 어떤 의미도 보이지 않는, 거대하고 간극을 초월한
우주와 같은 실체를 지상에서 인식하기란 쉽지 않은 일이다.

무와 유
점點으로 이룬 만 칸의 허공

여 수
진 남 관

질량과 간극을 초월한 관대한 단순함이
만들어 낸 우주, 그것이 진남관이다.

진남관 전경
남해 바다가 바라보이던 진남관은 통칸의 건축으로, 그 한 채만으로도 우주의
심연이 느껴지는 신성의 장소이다.

뱃길이 훤히 보이는 남해 오동도 앞 언덕 위에 4백여 년 조선 수군의 좌수영(左水營)이 있었다. 그러나 본영의 건물은 하나도 남아 있는 것이 없고, 읍성의 가장 중요한 위치에 임금의 전패(殿牌)를 모시던 신전과 같은 객사(客舍) 건물 한 동만 있다. 높이 14미터, 둘레 2.4미터의 거대한 기둥 68개와 지붕 밖에 없는 75칸의 장대한 건물은 창호나 벽체가 없는 통칸(通間)의 건축으로, 욕망도 없고 의도도 없는 듯한 텅 빈 몸으로 남해를 내려다보고 있다. 하지만 그 한 채만으로도 우주의 심연이 느껴지는, 그 어떤 엄격하고 장중한 권위도 이곳에서는 무색하게 되는 신성한 장소이다.

그러나 이 성스러운 장소는 군사적 건물로 전쟁을 치르는 데 쓰이기도 하였다. 남해 바다에 비친 달빛이 건물 천장에 은은하게 되비칠 때면, 한때 이곳에서 전라 좌수사로 있던 이순신의 삶과 죽음, 그리고 고뇌와 비애의 흔적들은 정유재란 때 불에 타버리고 없지만 재건된 진남관의 건물 곳곳에 묻어 있는 듯하다. 《선조실록(宣祖實錄)》이나 《난중일기(亂中日記)》 속에 드러나는 그는 욕망이나 명예와는 동떨어진 인물이었다. 지인이었던 영의정 유성룡 외에는 중앙 정부의 아무와도 연이 없었고 관심 또한 없었다. 전쟁이 깊어질수록 나라의 운명이 그 하나만 바라보게 되면서 부과된 정신적 긴장과 고독은 더 깊어 갔다. 어머니가 죽고 막내아들이 전사한 뒤로는 삶에 대한 애증조차 없이 달 아래서 번민하던 날이 허다했다.

《난중일기》에는 "홀로 빈 마루에 앉아" "혼자서 높은 다락에 기대어" "수루에 혼자 앉아"라는 여러 마루에 대한 표현이 자주 나온다. 전쟁의 허무감과 무기력 속에서 무패상승의 그는 달빛 아래 수루에서 밤을 샜던 것이다. 그 시간의 빈 마루는, 전장에서 피폐해진 한 영혼을 치유할 수 있는 공적(空寂)의 안식과 평온함을 주는 공간이었을 것이다. 그곳에서 회의하며 삶을 반추하는 시간마저 없었다면 그의 인생은 너무 잔인한 것이다. 아마도 수루의 건축은 그에게 세상에서 가장 평온한 상태를 제공했을 것이고, 그의 허무는 우주적 비움으로 치유되었을 것이다.

우 주 의 창 조 로
존 재 하 는 곳

자연과 우주가 실로 물질적·정신적 존재로서의 인간과 유기적인 통합 관계에 있다고 봤을 때, 인간의 번민과 우주는 어떤 상관관계가 있는 것인가. '숨'을 불어넣음으로 생명을 갖게 되는 창조의 원형은 인간과 무생물의 관계를 신과 인간의 관계처럼 만들어 버린다.

  인간의 감성과 인식으로 생명을 가지게 된 많은 예술품들이 그렇게 신이 된 인간과 관계를 맺고 있는 것처럼, 인간은 극도로 광막하고 무심한 우주와 자연 앞에서 어떤 식으로든 관계를 맺어야만 했나 보다. 19세기 프랑스의 사상가 알랭 샤르티에는 "모든 것이 신들로 가득찼다. 그러나 신들은 현신하기를 거부한다. 신앙을 주는 이 은밀한 존재를 만들어 내는 이유가 바로 여기에 있다"고 하였다. 종교란, 관계를 맺고자 하는 인간 욕망의 산물이다. 어떤 간절한 소망 없이도 평온한 동물이나 저 아름답게 흔들리는 나무에게 종교라는 것이 필요하겠는가.

  우주는 인간의 행복과 불행에 관심이 없다. 우주 차원에서 인간의 감정과 소망이란 부질없다. 그러기에 그 자체로 아무런 욕망도 없고 어떤 의미도 보이지 않는 거대하고 위대한 우주와 같은 실체를 지상에서 인식하기란 쉽지 않은 일이다. 적어도 진남관을 보기 전까지는 말이다.

  그곳은 인간의 욕망이 아니라 우주의 창조로 지어진 곳으로, 진실한 의미의 신전이다. 모든 욕망을 없애 버리고 적의도 호의도 없는 비어 있음으로 영원한 것만을 확보한 공간이다. 질량과 간극을 초월한 이 관대한 단순함이 만들어 낸 우주, 그것이 진남관이다.

진남관 내부
모든 자리에 똑같은 기둥이 있는 것 같으나 기둥이 없는 곳. 기둥의 간격이 넓은 곳 등과 함께 바닥의 단을 한 단 높게 하여 무와 유는 상호의존적인 관계가 되었고, 각각의 위치가 다른 영역성을 가지는 충만한 무를 이룩하였다.

조선의 사방탁자
단순한 4칸의 형태는 주변의 허공과 합하여 5칸의 허공이 된다.

흔적을 남기지 않는
완전한 행위

"건축은 시대의 정확한 상징이다"라는 얘기가 있다. 근대 건축계의 거장
미스 반 데어 로에(Ludwig Mies van der Rohe)는 "아름다움은 진실의 빛남"이라는 말을 통해 "진실이란
문명의 가장 의미 있는 노력과 연관되며 시대의 본질을 꿰뚫는 정신과
연결되어 있다" 하여 본질적인 의미와 가치를 명확히 하는 건축을 통하여
문명의 진보에 동참하고자 하였다. 그는 '무에 가까운 공간을 창조하는 것(Less is More)'이
가장 기능적이라 생각하여 공기처럼 가볍고 무에 가까운 건축인 바르셀로나
파빌리온을 통해 투명한 질서의 빈 형태로 근대 건축의 진보를 이룩하였다.
사르트르(Jean Paul Sartre)가 "무(無)는 존재의 반대이다. 즉 그것은 존재하지 않는
모든 것이다. 그런 의미에서 그것은 관념이나 추상에 불과하지만 특수한
환경에서는 그것이 적극적인 체험이 되고 막연하면서도 영향력 있는 실제의
모습이 된다" 한 것에서도 알 수 있듯, 서양의 건축은 사유에서 시작하고
완성하는 관념적인 존재의 완성된 형태를 존재의 또 다른 모습인 '무의
건축'으로 이룩하려 하였다. 그러나 노자는 "무명(無名)은 천지의 시초요, 유명(有名)은
만물의 모체"라 하여 무와 유는 상호의존적이며, 무는 아무것도 없음이
아니라 감지할 수 있는 질(質)이 없음을 의미한다 하였다. 또 무위(無爲)는 아무것도
하지 않는 것이 아닌 "자연스러운 행위로서 완전한 행위는 흔적을 남기지
않는다"라고 하였다.

이와 같이 무와 유는 상호의존적이며 일체인 관계로서, 완성의 존재가
아닌 사이가 비어 있는 관계로 자연적 상황과 순응하고자 하였다. 마치
목재의 틀로만 구획된 사방탁자와 비슷한 모습을 가진, 평범하고 단순한
형태의 진남관은 기둥만으로 차 있는 무를 이룩한 유이다. 그것은 근대
건축의 이상이었던 거의 없는 듯한 상태로 거의 가득찬 상태를 이루는 것과
유사한, '충만한 비어 있음(Emptiness is Fullness)'의 실현이다. 그것은 있음과 없음의 동시적 공시인
비유비공(非有非空)의 조형으로서 유와 무를 동시적 현상과 본체로 보는 도가와 불경의
정신과 닿아 있기도 하다. 그러나 유가의 유와 무는 현상으로서만 동일할
뿐이다. 동일한 유무의 현상계 너머 본원적 태허의 이치로 저 멀리 서 있다.

원래 그러한,
창조 이전의 창조

진남관의 내부에서 외부를 바라보면 각각의 시점에 따라 공간은 완성된 형으로 변화하고 때로 없어지기도 한다. 치밀하게 의도된 기둥의 위치와 간격에 의해 벽과 창의 개폐는 없으나 공간의 경계와 크기가 변화한다. 긴 복도의 회랑과 계단 앞의 좁은 문, 막혀 있는 것 같은 안온하고 거대한 회당도 있다. 그러나 벽과 문은 희대하여 구별은 없는 듯 있는 듯하다.

　　기둥이 벽이 되고 허공이 되기도 하는, 절대적인 것이 없는 상대적으로 무한한 시간과 공간의 형태로 이룬 것은 지상의 아름다움이 아니다. 건물이 인간을 따르는 것이 아니라 인간을 욕망으로부터 끄집어내어 천지와 참의하는 창조 이전의 창조이다. 두 팔로도 다 안을 수 없는 거대한 기둥인 동시에 평면상의 일점(一點)으로 표현되는 기둥으로 지은 만 칸의 거대한 허공이다. 그리하여 "있으라"고 하여 신이 우주를 창조한 감동보다 '없으라'고 하여 스스로 있는 허공으로 진남관을 지은 인간의 감동이 더 크다. 임금의 전패를 모시고 향궐망배(向闕望拜)한 신전으로서의 진남관을 인간은 허공으로 마치 우주처럼 외부 없는 내부로 지었다. 우주를 지은 신은 진남관을 짓지는 않았다. ◎

바르셀로나 파빌리온의 내부
거의 무에 가까운 투명한 질서로 완성을 지향한
인간이 창조한 서구적 우주이다.

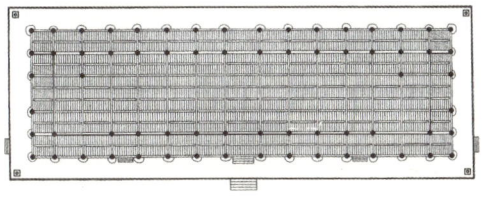

진남관의 평면도

평면상의 점(點)으로 나타나는 거대한 기둥만으로 상대적 세계가 사라진 아무 욕망 없는 우주를 이루었다. 적의와 호의의 흔적도 남기지 않는 영원한 것만을 확보한 공간이다. 기둥의 위치와 간격만으로 회당과 회랑, 벽과 문을 만들어 구별은 없는 듯 있는 듯 영원하다.

진남관 내부

기둥이 벽이 되고 거대한 기둥으로 허공이 되기도 하는 무(無)조차도 사라진 비유비무(非有非無)의 공간이다.

67

시간과 공간

허공으로 지은 공중누각

화 암 사
우 화 루

일체에서 무심하게 떠 있는 태연한 허공과 같은
우화루 외부.

우화루 내부와 극락전
우화루 내부와 극락전 앞 마당으로 쏟아져 들어온 빛은 거의 동일한 높이의 건물 4채로 인해 하늘과 땅, 건물과 허공이 영겁의 시간으로 하나가 되게 한다.

우화루
창을 열면 안과 밖, 기둥과 벽은 미망이 되며
아무것으로도 구획하지 않고 말하지 않는 자연이
된다.

불명산(佛明山) 암입(暗入)의 깊은 숲길로 인하여 화암사(花巖寺)는 드러내지 않으면서도 빛나고, 가파른 그 길 끝에는 우화루(雨花樓)가 있어 그곳은 낯선 선계가 된다. 길조차 구분되어 있지 않은 자연 본래의 그 길에는 지난 가을 떨어진 낙엽이 아직도 수북이 쌓여 있고, 숲 속엔 나뭇잎이 채 돋지 않아 빛만 가득하며, 계곡의 물은 오히려 어두워서 맑다. 이끼도 없는 검고 넓은 돌 위를 흐르는 물소리는 천년을 누운 돌을 깨우는 듯한데, 물에 비친 가지뿐인 나무 그림자는 온 산으로 퍼진다.

그 길을 걸었을 원효(元曉)와 의상(義湘)의 천여 년 전 연기설화보다는 자연의 유구함으로 인해 그때와 똑같이 무엇도 이루어지지 않은 길을 오늘도 걸을 수 있다. 목적지가 없는 듯한 공간의 연속성이 모든 시간의 영원으로 전변하게 한다. 평생 시간의 본질에 대해 탐구했던 프랑스의 소설가 마르셀 프루스트(Marcel Proust)가 "인간은 오랜 세월 속에 던져져 거인과 같이 자기 자신이 살아온 각 시기에 동시적으로 도달해 있다"고 한 말의 의미를 말없는 숲길이 일깨워 주고 있다.

동양에서의 시간이란 공간과 물질에 의해 변화를 인식하는 것으로 시간은 곧 공간이 되며, 공간은 물질의 운동과 변화이니 곧 시간이 된다. 그러므로 아무 변한 것 없는 자연에서의 시간은 공간으로 세세생생(世世生生)하며, 자연만이 시간 앞에서 진실이다. 변하되 변하지 않으므로 그 길에서의 시간은 과거·현재·미래 모두가 하나의 시공연속체를 이루는 영원한 지금이다.

우화루 마당
각각의 건물 내부에서 보면 낮은 기단으로 마당은
내부가 되고 내·외부는 통합적 하나가 되어
시공간을 초월한다.

건축은
우주를 여는 것

그 시간의 길 끝에 우화루가 있다. 천 년 시간의 흐름에 낡고 허물어질 것 같은 석축 위의 퇴색한 기둥만이 시간은 흘러가고 있다는 사실을 알려 주고 있다. 시간 앞에서 부식되지 않고 닳지 않는 것은 자연 말고는 없다. 시간의 유한성에 매여 있는 인간은 자연의 한 개체로서 살고 낳고 죽기를 반복함으로 자연과 마찬가지의 영속성을 가진다는 깨달음은, 전체가 나이고 나 또한 전체라는 것을 인정할 때 홀연히 다가오는 통찰이다. 그러나 인간에게 중요한 것은 단일 개체인 자신인지라, 실존의 연장 역시 성주괴멸을 반복하지 않는 강렬한 것이기를 원했던 것 같다. 그래서 다음 세상을 기약하는 구원적 형태의 신앙과 예술에 몰두했던 것이 아니었겠는가.

그리하여 한때 서양 건축이 시간의 흐름에 구속받지 않는 절대적 형태의 완성된 건축으로 독존하는 영원을 추구하였다. 하지만 일반적인 동양의 건축은 자연과의 사이에 놓여진 상대적 존재로서 주변의 공간적 관계와 시간적 상황에 따라 변화하고 생성함으로써 영원한 건축을 추구하였다. 한국의 전통 건축에서 거의 동일한 외관의 집을 지었던 이유는 형태를 가치 실현의 수단으로 삼은 것이 아니라, 스스로의 형식을 갖지 않은 형식을 통해 우주를 구현하려 했기 때문이다. 우리 전통 건축에서 건축이란 물적 대상이 아니라 물체로서 우주를 여는 것이다. 한정된 모습과 고정된 실체로서의 건축이 아니라 생명의 실상인 공계의 모습으로, 실체가 있으나 변화하며 이어지는 무시무공의 상대적 무한 공간을 추구한 것이다. 인간이라는 실체로 선에 머물 듯 건축이라는 실체로 선의 본상을 형상하였으며, 시간과 공간 어디에도 의지하지 않는 그림자가 된 빛과 빛이 된 허공에 머무는 건축으로 선을 설하고 우주를 빛내기도 하였다.

우화루 내부
지붕은 있으나 창이 열리면 내부적 외부의 사각
마당으로 변전하고 빛과 함께 영겁의 시간으로
하나 된다.

우화루 처마
겹처마의 깊은 하앙(下昂) 구조는 외부 공간을 더욱
내부처럼 느끼게 한다.

빛의 꽃비 내리는
영겁의 마당

1604년 임진란 직후 중창된 우화루는 누마루 형식으로 정면이 오목하게 들어가 있으며, 석축의 담과 패쇄적인 외형으로 사찰이라기보다는 산성이나 서원의 누문(樓門)같기도 하다. 그러나 우화루는 일체에 무심한 듯 문을 걸어 잠근 무문관과 같은 모습으로 태연하고, 'ㅁ'자형으로 단순한 백제계 평지가람(平地伽藍)의 조형 원리로 산지 지형을 역이용 하고 있다.

정면에서 보면 우화루는 공중에 떠 있어 좁은 산지 터임에도 넓은 입구의 마당을 확보하고 있고, 극락전 앞마당에서는 내부에까지 외부 공간을 확장시켜 앞마당과 중정 모두를 넓게 만들고 있을 뿐 아니라, 건물 4채가 모여 햇빛 가득한 마당에 허공을 들여 놓는다. 우화루와 마당의 높이는 동일하고, 극락전은 높으나 거의 같아 보이게 하였으며, 겹서까래 구조인 하앙(下昂) 구조로 처마를 길게 내고 좌우의 적묵당과 불명당의 툇마루로 이어졌다. 마치 지붕은 있으나 햇빛과 달빛이 들어오는 듯한 내부적 외부의 사각 마당이 된 것이다. 일조와 강우가 많은 백제 지역의 환경에 적합한 구조인 것은 물론, 건물과 건물의 상응 관계로서 합일하여 만들어 낸, 외부인 내부이고 내부인 외부이다. 그리하여 우주에 가득찬 빛은 내부만을 필요로 하지 않으며 우화루의 마당으로 쏟아져 들어온다. 하늘과 땅이 만나고 건물과 허공이 만나 바람과 먼지와 함께 떠다닌다. 아름다우나 아무것도 아니기에 아름답다는 표현을 삼가야 한다. 공간적 아름다움을 넘어 모든 것이 될 수 있기 때문이며, 빛의 꽃비 내리는 영겁의 시간으로도 하나 된 자리이다.

중국 철학인 유교와 도교는 개별적 자성(自性)을 가진 인간을 우주와 광대하게 관계 맺는 형식을 지향했지만 불교는 본무자성(本無自性)으로 자성을 인정하지 않았다. 자성을 가지지 않음으로 모든 대상을 차별 없이 수용하여 이미 확장된 인관과 우주를 과거·현재·미래가 응축된 변화하는 현재 속에만 있게 하여 시공간을 초월한 무한한 자유를 추구하였다.

드러나지 않는
천광天光의 빛

창을 열면 소멸하는 먼지를 배경으로 눈부신 광채가 우화루 내부로 쏟아져 들어온다. 빛으로 인해 건축의 안과 밖은 동질적인 것으로 화하며, 모든 기둥과 벽들은 미망彌望으로 변한다. 자연과 건축 그리고 인간이 빛으로 하나가 되어 바깥마당과 우화루와 법당 내부까지 꽃이 되어 버린다. 그 순간 자연이 신성이고 인간이 신성이고, 빛의 공간이 신성이다. 그것은 20세기 근대 건축의 대부로 불리는 르 코르뷔지에Le Corbusier가 설계한 롱샹 성당La Chapelle De Ronchamp의 직접적 빛의 유희로 이룩한 빛의 벽과는 다른 것으로, 처마 밑의 적묵으로 은은한 빛을 표출하고 스며들게 하여 일체가 빛의 존재인 것으로 느껴지게 하였다. 불국사의 석가탑이 스스로 빛을 발하는 것으로 느껴져 그림자 없는 무영탑無影塔으로 불리는 것과 같은 이치이다.

또한 처마 지붕으로 생긴 회랑 아닌 회랑과 툇마루와 건물의 내부, 그리고 산으로 둘러싸인 허공으로 나뉘는 4중적 공간의 켜는 화암사를 우주의 중심에 있게 한다. 원구에선 모든 일점이 중심이 될 수 있듯, 이와 같은 방법으로 한국 사찰들의 대부분은 우주의 중심에 위치한다. 안으로는 깊고 아늑하게 감싸는 동시에 밖으로는 천산千山을 겹겹이 쌓아 무한대로 향하는 공간을 통해, 4채의 작은 건물과 허공은 깊고 밝게 빛나는 우주가 된다. 그리하여 빛과 함께 공명하며 자신의 흔적만을 갖고 있는 건축은 유구한 세월 속에 인간과 함께 존재하며 아무것도 규제하지 않고 모든 진실을 이야기하고 들을 것이다.

허공으로 지어진 공중누각 우화루의 작은 마당엔 천광天光의 빛이 항상 존재하지만 때론 그 빛조차 드러내지 않는다. 모든 것이 시간의 공간으로 스며든다. ◎

우화루 내부
창을 열면 우화루 내외부로 빛이 쏟아지며, 먼지와 목어만이 바람과 함께 떠다닌다.

르 코르뷔지에의 롱샹 성당
깊은 벽을 통과하여 들어오는 갖가지 빛의 유희로 물성이 없는 빛으로 지어진 건축이 되었다.

불국사 석가탑
스스로 빛을 발하는 존재로 느껴지기에 무영탑이라고 한다.

변화와 운동

무량無量한 천상 건축

부석사
안양루

봉황산을 배경으로 무량수전과 합한 '철(凸)'자형의
건물로 웅대하며, 지상에서 가장 높은 곳에
위치하여 상승하는 듯한 안양루의 모습.

무량수전에서 바라본 안양루
안양루의 지극한 평범함은 선(善)의 본성을 예시한다. 어떤 미적 형식이 이처럼
스스로 발하는 것이 없이도 오롯이 안전하게 존재하며, 천지를 품은 채 둔중한 정신을
흔든다.

구름에 스민 늦은 햇빛은 물결처럼 굽이치는 천산(千山)에 생기를 흩어 내고, 우주에 떠 있는 건물 아래 지상의 모든 존재들은 안양루(安養樓)의 작은 공간과 시간 안에서 무한으로 펼쳐진다. 서방정토(西方淨土)의 다른 이름인 안양루는 우주 안에 두루 있는 숭엄함을 과장 없는 평명(平明)의 진리로 드러내고, 눈앞에 펼쳐진 천산을 비추는 빛은 없는 듯 편재해 있다.

  사물의 영원한 상(相)을 저 높은 곳에서 깨달은 듯, 안양루는 지상에서 가장 높은 곳에 위치해 있는 것 같으나 상승하려 하지 않고, 깨달음을 향한 의지조차 놓아 버린 듯하다. '과학은 진(眞)이고, 종교는 선(善)이며 예술은 미(美)의 추구'라고 생각한 고대 그리스 철학과 달리 동양에서는 미적인 것은 진실되고 선한 것으로, 진리는 지고의 아름다움을 품은 최대의 선으로 이해되어 도(道)에 부합한다. 진실의 미를 반추하는 자연미의 실상은, 무용지물로부터 해방되어 모든 표현의 잉여 상태를 배제할 때 드러난다.

  대상과 그에 의해 사유된 모든 것으로부터 해방된 가장 순전하고 심후한 현상의 형태가 있다면, 그것은 피안(彼岸)만이 아닌 하화(下化)의 모습까지 띤 덕이자 선일 것이다. 마치 화엄사찰인 부석사(浮石寺)에 화엄의 주존불인 비로자나불 대신 정토의 아미타불을 모신 것처럼, 화엄(華嚴)과 정토(淨土)의 융합을 통해 철학적 사고와 실천을 삶 속에서 하나로 정착시켜, 진리를 사유 밖에서 보게 하였다는 데 의상 스님의 위대함이 있는 것과 같다. 안양루는 무용의 잉여 상태를 가지지 않고 여분의 장식이나 절제조차 없이 스스로 있는 그대로의 사실에 직면하여 심원(心源)한 상태를 이루고 있다.

안양루 정면
1층은 극락세계의 문이며, 2층은 극락의 누마루로 안양루는 극락 그 자체가 되었다. 함께 붙어 있던 무량수전은 사라지고, 굵은 기둥과 하늘을 덮은 지붕으로 홀로 장대한 모습이다.

파리의 신개선문
유럽의 관문으로, 장대하며 비어 있는 듯한 의지가
엿보인다.

범종루 정면
큰 기둥과 높은 누각으로 당당한 합각지붕의
범종루.

합하고 사라지며 변화하는
완성의 형形

　부석사는 자연 지세를 시지각적 경험으로 연계시킨 위계적 질서와 자연과의 관계 속에서 구축물의 의미를 변화시키는 전체를 구축함과 동시에 그 모든 것을 사라지게 한다. 원래 일주문 터였던 천왕문을 들어서면 무심한 듯 정교한 돌길과 장대한 석축 위의 회전문 터가 적조寂照의 빈 공간으로 다가온다. 그 회전문 터의 계단을 오르면 범종각을 중심으로 좌우와 수직적 계단식으로 층층이 펼쳐진 건물들이 저마다 우뚝 서 화려한 법계法界를 일시에 맞닥뜨리게 하여 유장한 화엄의 세계를 드러낸다. 그러나 그 법의 세계 중심에 있는 범종루로 누하진입樓下進入을 하면, 모든 건물은 일시에 사라지고 봉황산을 배경으로 무량수전과 합쳐진 안양루가 '철(凸)'자형의 건물로 크기가 배가 되어 지상의 끝에 고요히 서있다.
　　　산과 함께 측면에서 보게 하여 편안하게 응시할 수 있는 웅대한 건물이 되고 스스로 크고 화려하게 한다. 그러나 안양루 앞 수직 계단 앞에 서면 합하여 있던 뒤편의 무량수전은 보이지 않고, 높은 계단과 굵은 기둥으로 당당하고, 넓게 펼친 기와지붕으로 하늘을 덮어 장엄한 안양루는 극락의 문으로 변화한다. 난간 아래 편액은 '안양문'이며 위층은 '안양루'라고 적혀 있듯 형태와 함께 기능도 누와 문의 두 가지 역할을 하는 문 없는 문이며, 극락세계 그 자체이기도 하다.
　　　안양문을 올라 무량수전 앞에 서면, 가는 기둥에 빈약한 지붕만의 건축으로 다시 변현變現한 안양루는 자연 앞에 선 하나의 빈 점으로 완결되어 사라진다. 그 시선도 가지 않을 듯한 박미薄美로 무한을 발현하는 누마루 아래의 화엄 세계는 계단식의 요사체 지붕으로 인하여 정면에서는 여러 층으로, 배면에서는 낮게 숙인 형상이 되어 맞배지붕의 범종루와 함께 부석사는 있는 듯 없고, 산과 하늘의 우주만이 부각되어 안양루는 우주의 중심이 된다.

그냥 있는 것만으로
심원한 존재

여여부동(如如不動)하나 완성의 형(形)이 아닌, 커지고 작아지고 사라지는 변화무쌍한 형태는 마치 '허공이 다니지도 않고 머물지도 않으면서 갖가지 위의(威儀)를 잘 나타내 보이는 것 같고, 빛깔도 아니면서 백천 가지 빛깔을 잘 나타내 보이는 것과 같다. 오래 나아가지도 잠깐 나아가지도 않으면서 절정에 이르게 하는 듯한 비대상적이고 가장 간결한 형태'는 《화엄경(華嚴經)》의 사상을 현전으로 인식하게 한다. 사상이 조형으로 드러나는 것은 건축의 당연한 원리이다. 그러나 '9단의 석축과 34품의 형식' 등 《화엄경》의 형식을 건축으로 표현하기 이전에 건축적 기능과 조형의 법칙이 우선 존재한다. 자연의 변화가 어떤 의지나 목적을 가지고 움직이는 것이 아니고 스스로 자재무애(自在無碍)한 것처럼 안양루는 있는 그대로 어떤 형태를 다 담아도 무리하지 않는다. 입체파가 형태의 분할로 시점을 다분화하여 형태에서 벗어난 시야의 지평을 넓혔으나 분투하는 영혼 같아 해방된 운동감은 느껴지지 않고, 형상과 색깔 등의 동영상 장면으로 표현한 현대 예술의 운동과 변화는 현실추수적인 문화적 행태를 벗어나지 않는다. 변신과 변형을 거치는 것보다 스스로는 마치 아무것도 아니면서 다양한 현상을 만드는, 존재하지 않는 비형상으로 존재한다. 휑하고 홀로 비어 있으나 넓고 우뚝 솟아 있다.

　　평범한 것 같으나 피안(彼岸)의 모습도 함께 가지는 안양루는 시각적 대상에서 멀어진 건축으로, 고유의 존재성은 사라지고 포착할 수 있는 것은 아무것도 없는 듯이 존재하는 명백한 선적(禪的) 건축이다. 현대 미술 평론가 로저 프라이(Roger Eliot Fry)는 "미술가가 자신이 재현한 대상의 구체적인 관념에 의존하는 한, 그의 작품은 완전히 자유롭지도 순수하지도 않다"고 하였다. 무량수전이 귀솟음, 안쏠림 등의 착시 현상까지 배려한 비례와 정미한 형태로 의도된 배흘림기둥의 건축으로 아름답다면, 안양루는 그 모든 의지에서 벗어나 평안과 화평 그 자체로만 있는, 존재의 상(相)을 떠나 두려움 없이 자유로운 천상의 모습으로 존재한다.

안양루 배면
정면에서는 장대하였으나 후면은 가는 기둥과
소박한 지붕으로 우주에 뜬 빈 집같이 사라지며
천산(千山)만을 품는다.

석굴암의 유마상
미완성의 유마상을 설치하여 석굴암은 무의지와
미완의 형태까지 모두 포용한다.

범종루와 주변 건물
웅장한 범종루를 중심으로 좌우 계단식으로
펼쳐져 서 있는 화려한 건축 세계.

추사 김정희의 시
'과천에 사는 병든 늙은이(病果)'라는 호로
지은 시로 글의 내용과 형식으로 볼 때, 추사의
마지막 글로 추정된다.

눈으로 보는
선

안양루의 그 지극한 박미(薄美)는 선(禪)의 본성을 예시한다. 둔중한 정신을 흔들며 어떤 미적 형식이 이토록 다양하고 자연스러운 모습으로 깨달음을 유도하는가 하는 경외의 물음을 자아낸다. 예술 창작이란 자연을 닮아 가는 과정이다. 왕필이 "무미(無美)하여 들을 수 없는 말이라야 비로소 자연의 지극한 말이 된다" 하였듯, 자연에 대한 추구는 뒷산을 닮은 모방적인 선(線)의 형태이기보다는 화려하고 무미한 자연의 본성과 합일하는 것이다. 추사는 말년에 예전에 지은 시를 다시 사용하여 '과천에 사는 병든 늙은이'라는 뜻의 병과(病果)라는 호로, 임종게로 추정되는 게송(偈頌)을 남긴다.

> 천산을 넘고 넘어 도달한 한 스님이 一衲千山得得來
> 맹용을 들추어 광풍뇌성을 일으키고 獰龍下摘風雷
> 소나무 소리와 바람의 기운을 우주에 펼쳤으니 松聲風力采空大
> 다시금 화엄의 법계로 거뜬이 돌아왔구나 好遣華嚴法界回

병들어 허약하나 한 손으로 천지조화를 움켜쥔 추사의 마지막 모습 같이 눈 아래 천산을 넘고 넘은 안양루는 우주를 품으면서 아무 특징 없는 듯 일상의 장미(莊美)인 화엄으로 진리의 모습을 얘기한다. '비어 있음으로 모든 것을 담고 진광은 빛을 발하지 않듯(虛能受物眞光不輝)' 예술의 숙명인 자기표현조차 힘쓰지 않는다. 어떠한 미적 충동도 없이 스스로 완전하게 존재하는 까닭이다. 마치 우주적 현상 속에 내재하는 선(禪)을 눈으로 보는 듯 숭고하며 고요하고 지고의 자연미와 본연의 실상으로 천지와 통한다. ◎

◉ 수원 화성

화성은 전통과 새로운 모색들을 충실하게 반영한 철학을 바탕으로
건축되었다. 성곽과 시설물들은 저마다 합리적 기능, 실용적 구조, 고유한
미를 갖추어 생명의 기능에 충실한, 신성함이 느껴지며, 깨달은 존재와
같은 실천적 실체이다. 화성의 모든 존재들은 스스로 그것을 설명한다.

실용과 무용

미적 실용으로 숭고한 화계華界

수원 화성

방화수류정은 조망을 쉽게한 군사적 의도와 함께
성밖에서는 작은 건물이나 내부에서는 갖가지
크기로 변화하고, 내려다보면 사방이 물과 하늘
위에 뜬 허공으로 선계가 된다.

화홍문
물과 건축이 혼연일체 한 듯 무지개가 피어 오르는 안개 속의 화홍문.

5.7킬로미터에 이르는 화성의 성곽을 따라가다 보면 정조와 정약용은 물론 당시 왕실의 목수 권성문과 김성인, 석공 한시웅 그리고 정대노미, 권자근노미 등 전국에서 이름난 1,856명 장인의 손길과 후기 조선 사회가 성취하려고 했던 꿈과 실천적 구상이 마치 지금의 시공간에서 살아 숨쉬고 있는 것 같다. 정조 18년 정약용의 〈성설〉城說을 지침으로 삼아 약 2년 9개월에 걸쳐 축성한 화성은 군사적 목적으로만 조성된 단순한 성곽이 아니었다.

한양의 숭례문보다 규모가 큰 문을 갖춘 왕성에 버금가는 대도회大都會의 위상을 가진 정2품 수원 유수부로서, 군사적 거점은 물론 무역과 상업 유통을 위한 도로망의 정비, 농업 증산을 위한 관개 시설의 확충 등 문화·예술과 사회·경제적 목적이 반영된 결과였다. 그것은 "정조가 왕위를 이양한 다음 상왕으로 수원에 머무르며, 세자로 하여금 사도세자를 복권하게 하는 정치적 포석은 물론 한양과 삼남으로 연결되는 교통의 요충지인 화성에서부터 조선의 사회·경제적 번영과 문화적 전성을 이룩하고 선도해 나가려는 의지로 계획된 개혁의 시범 도시"였음에서도 확인된다. 자연과 같은 경지의 화려함을 일컫는 화성華城이란 이름과 장안문長安門, 전국으로 뻗어 나가기를 염원한 듯한 팔달문八達門의 이름을 통해서도 정조의 의지를 짐작할 수 있다.

봉돈
기능만을 추구하였으나 무욕의 아름다움까지
획득한 봉돈.

동장대
건물의 배경으로 하늘밖에 없어 천군(天軍)을 양성하는 듯한 동장대.

동북공심돈
일체를 통일 속에 집중하게 하는 빈 내부를 가진 동북공심돈.

서장대
사방 백 리가 한눈에 들어오도록 설계되어 군사를 지휘하던 서장대.

서북공심돈
미를 추구한 것이 아니라 쓰여짐으로 숭고미까지 갖춘 서북공심돈.

진리는

삶에 유용한 그 무엇이다

학문에 조예가 깊고 저술이 많았던 정조를 비롯한 조선의 왕들은 현자로 교육된 사람으로 천명(天命)의 권위를 가질 수 있었다. 그러나 유교의 천명사상은 군주보다 하늘을 우위에 둔다. 지배 계층을 대변하는 이데올로기가 아니라, 민의를 떠난 군주는 천명을 떠난 군주로서 그 왕명은 받들 수 없는 것이었다. 그것은 왕에 대한 사대부들의 견제 장치적 관료 체계로 인해 뒷받침될 수 있었다. 다산(茶山) 정약용 역시 정상적인 임용 절차를 밟지 않고 왕이 임의대로 관직을 추천하였고 이를 따르지 않음으로써 해미로 유배된 적이 있으며, 정조의 친위 관료 양성을 위해 설치했던 규장각을 국가 기구가 왕의 사적 지배를 받는 것은 옳지 못하다며 폐지를 주장하였다.

　　정조를 퇴계와 함께 자신의 정신적 스승으로 추앙했고 정조 서거시 실성할 정도로 슬퍼하였던 그였지만, 대도(大道)가 아닌 왕명은 천명이 아님을 분명히 했던 것이다. 이러한 윤리 의식에 투철한 당대의 현자들이 이룩한 개혁이 구체적으로 드러난 것이 바로 수원 화성이다. 그곳은 막연한 유토피아가 아니다. 혁명적 열정만으로 이룬 개혁은 사회 제반요소와 문제를 직시할 수 없으므로 또 다른 문제를 야기한다. 화성은 인문학적이고 철학적인 바탕의 문화적 이상형의 도시였으며 진보적 학자들의 산업진흥론을 받아들여 시범적으로 실천하였던 산업화된 도시였다. 정조 서거 후 강진에서 18년 동안의 유배 생활을 통해 "어느 아침 영대(靈臺)에 빛이 일어나는 것을 갑자기 깨달았다"고 학문의 도를 토로하였던 다산은 경집 232권, 문집 267권의 방대한 저서를 남겼다. 또한 당시 절대시되었던 주자에 대한 새로운 비판과 주장으로 성리학을 넘어서려 한 퇴계 이후 선진(先秦)시대 유학에 가장 정밀하게 접근한 자라고 평가받았다.

　　학문의 생명은 삶의 현실을 규범적으로 비판하고 현실 개선의 원리와 방법론에 기여해야 한다고 보았으며, 그에게 진리는 삶에 유용한 그 무엇이었다. 다산에게는 요순이나 공자와 같은 성인 역시 사회적 현실 개선을 위해 분투한 인물의 전형에 다름 아니었고 그러기에 그들이 진정 위대하다고 보았던 것이다. "천하에 요순보다 부지런한 이가 없고 천하에 요순보다도 치밀한 이가 없었다"고 함은 그의 실천철학을 말해 준다.

관념론적 서양 철학의 전통에서는 실용 철학은 오히려 천하게 여겨졌으며, 관념과 실용은 둘로 분리되어 있었다. 그러나 흔히 실천이 무시되었다고 생각하는 동양 철학은 오히려 실천적이었으며, 수양과 실천, 도는 하나였다. 비록 노론 등 일신의 영달을 위한 척족세도들에 의해 개혁은 좌절되었어도 정조와 실학자들의 높은 의식은 당시의 문화에 고스란히 남아 있다.

장안문
웅대하나 중압감 하나 없이 가볍게 견고한 우진각 지붕의 장안문.

북서적대
현실적 기능을 추구하면서 미까지 획득한 미적
실용의 구조미를 보여준다.

서남암문
차단하고자 한 성문이었으나 유기체적 미적
속성같이 단절되지 않고 단아하게 안과 밖을
수용한다.

합리적 기능과 실용적 구조로
빛나는 결정체

화성은 전통과 현실의 새로운 모색을 충실하게 반영해 낸 철학을 바탕으로 만들어졌다. 현실적 기능을 추구하면서 미까지 획득한 미적 실용의 구조미가 생생함을 얻었으며, 그 목적은 도학적 가치 구현에 있었다. 성곽과 함께 50개의 시설물은 저마다 합리적 기능과 실용적 구조와 고유한 미로 빛나는 예술이자 18세기 조선 문화의 결정체라 할 수 있다.

팔달산 정상에서 사방을 내려다보며 지휘를 하던 서장대 2층의 방은 비록 작으나 사방 백 리가 한눈에 편안히 들어오고, 1층 누마루 역시 한 칸의 크기로 화성 전체를 품는 장건함으로 하늘에 스며든 듯 단아하나 미적 모습은 그 선과 크기가 산을 넘지 않는다. 군사들의 훈련을 지휘하던 동장대는 이중적 기둥 배치로 지붕뿐인 중량감을 안정적으로 획득하고, 공간 스스로 마음을 다잡는 긴장을 갖게 하며 아무 위엄 없이도 위엄을 느끼게 한다.

둘러싸인 담장의 폐쇄성과 건물을 배경으로 하늘밖에 보이지 않는 의도된 건축적 경관은 천군(天軍)을 양성하는 곳으로 느껴지기도 한다. 동쪽 언덕 정상에 있는 방화수류정은 2층으로 조망을 쉽게 한 군사적 의도와 성 밖에서는 건물이 작아지나 내부에서는 갖가지 크기로 변화되어 개별적인 동시에 전체가 되고, 사방이 물과 하늘 위에 뜬 허공으로 선계(仙界)가 되는 수원 팔경의 제일이다.

다리이자 누각이며 수문이기도 한 화홍문(華虹門)은 건축으로 물보라와 무지개를 일으켜 물과 건축이 혼연일체한다. 이와 함께 장안문과 팔달문은 큰 우진각 지붕으로 웅대하나 내려누르지 않아 가볍게 떠 있는 것 같고, 2층의 누마루와 상층의 누각에 서면 빛으로 둘러싸인 어두움의 중간에서 영혼과 정신이 하나로 발현되어, 근무하는 군사 스스로를 숭고하게 할 것 같은 공간이다. 공허한 뼈대이나 어둠을 뚫고 들어오는 빛의 패적들로 일체를 통일 속에 집중하게 하는 공심돈(空心墩)과 서남각루와 서북각루의 평면의 단순함과 독창성이 만들어 내는 공간적 미는, 작은 사각으로 나눈 무한의 사각이다. 화성의 처처물물(處處物物)은 다 이러하다.

창룡문
군사적 용도의 성곽이나 배타적이지 않고
아름다운 선의 흐름으로 안과 밖을 수용한다.

북암문
폐쇄적으로 함몰된 문이나 딱딱한 장치가 아니며
유려한 곡선으로 단절감을 피한다.

〈화성행행도〉
수천 명의 장대한 행차 모습을 한 화면에 압축하여
화려한 위용으로 구성하였고, 자유로운 풍속
장면과 산수의 삽입으로 밝고 자유로운 화면이
되었다.

미적 실용은
도학적 가치 구현의 연장

미는 인품처럼 스스로 드러나며 관념은 세계의 배후에서가 아니라 그 속에서 실존한다. 기능이란 존재하기 위한 수단이듯 실천은 실존의 문제이다. 영국의 사회 비평가 러스킨(John Ruskin)은 "모든 미는 자연의 법칙에 기초한다. 그리하여 좋은 장식은 당연히 자연의 유기적 기능에 근거한 구조적 법칙성을 따르지 않으면 안 된다" 하였다. 유기체의 미적 속성으로 기능과 미는 하나였지만, 유가 철학은 그 미적 기능을 형이상학적 진실과 현상계를 통합적으로 연결한 도학적 가치 구현의 연장으로까지 생각하였다.

화성 축조 당시 정조가 "아름다움이 가장 중요한 것"이라며 미적인 축성을 강조했듯, 도(道)와 미(美)와 용(用)은 존재의 체(體)·상(相)·용(用)으로 차별과 경계가 없는 것이었다. 화성의 미는 건설 과정에서 따로 고려하여 이루어졌다기보다는 이미 객관적이고 과학적인 가치 창조의 과정에서 저절로 발생되었다. 기능적 본연에 충실했을 때 얻어진 미는 의외로 생생하다. 이러한 군더더기 없는 기계적 충실성의 미에서는 신성함마저 느껴진다. 어느 것 하나 무용한 것 없는 활력과 묵묵한 이 미의 실체는 삶의 우유성(偶有性)만큼이나 자연스럽다.

미에 개의치 않으므로 역설적인 현실의 성화(聖化)로 축적되고 환기된 미는 개념에 강제되지 않고 현실에 표상되어, 미에 연연치 않는 스스로의 자유에 의해 미적 이념에 도달한다. 성 안과 밖을 가르는 유연함은 군사적 목적임에도 불구하고 배타적이지 않고 아름다운 선의 흐름으로 안과 밖을 수용한다. 그 모습은 인위적 조작이 아닌 우연의 잉태로까지 느껴지고, 산인 듯 땅인 듯 충만한 자기 충족성을 부인하지 않으면서 자연스런 긴장감과 통일감을 느끼게 한다. 자명한 진리란 사유에서 실제로 이행된 진리라고 할 때, 화성의 모든 존재들은 스스로 그것을 설명한다. 깨달은 존재와 같은 실천적 실체, 그것이 화성이다. ◎

형태와 영원

비움마저 비운 집

선암사 심검당

설명 없이 무한한 내용을 내포한 것 같은 비움조차
비운 심검당 내부.

심검당 내부 마당
인위적으로 만든 것 같지 않은 헐거운 사각 공간으로 형체감이 결여되어 있음에도
무한을 포함한다.

심검당 중정
옛 모습을 고스란히 보존하고 있는 건재한
생명성에 경외감을 불러일으키는 무문문(無聞聞)한
중정.

조계산 동쪽 기슭의 얕은 개울을 따라 무설(無設)의 설을 펴는 듯한 물소리와 함께 숲길을 따라가면 무지개에 오른 듯 구름처럼 가볍게 승선교(昇仙橋)를 건너, 저 멀리 긴 세월 한쪽 기둥을 물속에 담그고도 태연한 강선루(降仙樓)가 있다. 그 누각 너머 굽은 산길이 사라지면 눈앞에 선계(仙界)가 펼쳐진다. 정유재란(丁酉再亂)으로 조계문과 문수전 그리고 해우소만 남았을 뿐 모두 불타 폐사(廢寺)처럼 되고, 백 년이 지난 1690년에 들어서 약휴선사 때 다시 중건되었다. 이제는 25동으로 남아 있는데, 그 하나하나가 선암사의 사격(寺格)을 낮출 수 없다는 듯 묵묵하나 담대하다.

　　넓은 창의 살을 통해 습지 위의 들풀에 비친 빛들을 몸속으로 흐르게 하는 해우소의 풍치, 사찰 전체를 흐르는 물소리와 함께 작지만 장엄한 원통전, 환한 마당과 함께 1칸의 크기로도 순일한 각황전, 장엄하지 않으나 후덕함으로 오히려 화려한 대웅전 등 조선 후기 사찰의 원형을 가장 잘 간직하고 있는 도량답게 그 아름다움은 하나 둘이 아니다. 그중에서도 무량수각과 해천당, 설선당과 심검당은 옛 모습을 고스란히 보존하고 있는 한국 건축의 백미 중 하나이다. 누가 지었는지 언제 지었는지 아무 관심도 없게 하는 무문문한(無聞聞閒) 건물을 보노라면, 그 험난한 세월을 아무 일 없었다는 듯 이 시간까지 건재한 생명성에 경외감이 절로 솟구친다.

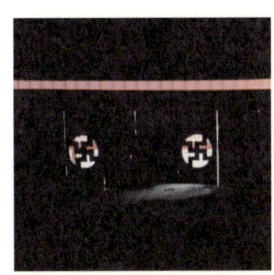 

곡루의 내벽
빛으로 쓴 팔괘와 '만(卍)'자로 이룬 묵묵한
심연의 벽.

자연은
가르치지 않는다

    심검당은 스님들의 삶과 수행의 장소로 큰방과 독방, 부엌, 곡루와 창고 등 구도적 생활 기능에만 관심을 가졌던 건물이어서 그럴까. 모든 것에 무관심한 듯 가르치는 것도 없다. 김홍도의 〈좌수도해(坐水渡海)〉와 같이 자연스럽게 획득된 영원성의 장소이다. 마치 자연의 존재들은 확정적인 것 같지만 변화에 자유롭고 그 어떤 의식과 형식의 틀로도 지배되지 않듯이, 엄밀한 의미에서 심검당은 예술이란 개념이 결여되어 있으나 무한을 내포한 생명체와 같다.

    예술의 주체가 지니는 자유를 말한 근대 철학자 아도르노(Theodor Adorno)는 "형식은 예술 작품의 비도덕성이다. 예술은 생명과 거리를 둠으로써 그에 대한 자신의 죄를 그대로 놓아 둔다는 점에서 생명체에 대한 죄 속에 빠져들어 간다"는 말을 통해 은폐를 삼갈 줄 모르는 인식은 진리를 보유하지 못한다며, 형식으로 침전된 예술을 질타한다.

    진실한 예술은 현실적인 생 너머에 있는 어떤 것으로 구획되지 않는 피안에 대한 자율적 상징이다. 자율적 상징이란 어떤 개념으로 규정지을 수 없고 형태로도 규정할 수 없는 것이다. 나무나 풀처럼 온전한 생명체는 자율적이다. 타자나 어떤 주체나 객체가 의도한 대로 규정되지 않는다.

    자연은 가르치려 들지 않는다. 인간 또한 자연이라면, 본연의 모습으로 대할 뿐 누구에게도 가르칠 것이란 없다. "질서적이고 계몽적인 요소보다 모순적 요소가 움직임을 양산해 낸다"는 니체(Friedrich Nietzsche)도 이런 점에서 인류의 정신사에 철저한 반성의 계기를 만들어 인간으로 하여금 더욱 확장된 의식 세계로 나아가게 하였다.

심검당 내부
명료한 체계 없이 존재만으로 아름다운 무형식의 곡루.

김홍도의 〈좌수도해〉
갈망하거나 가르치는 것 하나 없이 졸면서 바다를 건너는 김홍도의 그림.

있는 그대로 이룩한
삶과 영혼

개념이 있으면 형태를 띤다. 개념이 없으므로 무한의 상상과 자유를 획득할
수 있다. 비록 그 목적이 지고하더라도, '진리란 이것이다'라고 확정하는 순간
한정적이며, 편파적이게 된다. 불확정한 것들을 배제하기 때문이다. 스스로
내린 결론이 그에 따라 의도된 목적에 관여하므로 자율성은 결여된다.
    Auguste Rodin
   로댕은 선입관을 유발시키는 기존의 형식적 예술의 오만함을 비판하며
〈발자크상〉에서처럼 노골적인 무기교성으로 명료함을 없애 버렸다. 그는
이러한 무기교를 인간 스스로 고유한 의식 상태에 접근할 수 있는 장치라
믿었고, 그의 이러한 시도는 현대 조각이 시작되는 계기가 되었다. 아무것도
명확한 것이 없다는 인식으로 나아간 현대의 예술은 그러나 한편 무의도적이며
무목적성을 추구하여 예술사의 흐름을 바꾸어 놓은 진보를 이룩함에도
불구하고 그 자체의 의도성으로 인해 실은 무엇보다 인위적이기도 하다.
예술은 진보를 거듭한다 해도 스스로의 체계에 구속되는 한 생명력을 가지기는
힘들다. 권력이 없는 것처럼 보일지는 몰라도 여전히 대립적이다.
   여기 현대 예술의 무의도적 개념이 해결하지 못한 생명성으로 충만한
곳이 바로 심검당이다. 은둔 생활을 완전한 존재 유형으로 간주하여, 완벽한
종교적 덕성을 갈망하며 현세와 거리를 유지하고자 했던 승려와 그들을 위한
일종의 제도적 장치였을 수도원을 상상했다면 이곳은 충격이다. 심검당의
내부로 들어오면 수도적 공간임에도 종교적 상징조차 없다. 신에게 자신을
맡기는 것과 같이 절대적 원칙에 기댐으로써 평화를 구하는 것엔 한계가 있다.
   인간의 깊은 내면을 찾는 수도자들이 추구하는 궁극적 목적은 존재하는
그대로 기쁨인 삶과 영혼이다. 또한 그것은 자신들의 존재 방식 자체가 중생
제도라는 믿음의 반영이다. 이곳은 종교적 열정을 고양시키는 중세 서양의
수도원과는 달리 부엌문을 통과하여야만 내부로 진입할 수 있는 공간이다.
쉽게 외부인이 들어올 수 없게 만들어 관리의 편안함을 확보하면서도 외부와의
직접적 교류가 가능한 대방과 마루를 두고 있다. 이러한 구조로 외부와의
                善意
분리가 아닌 순화되는 세계로 사람 본래의 선의를 각성시킨다.

심검당 내부
명료한 형태를 요구하지 않으나 충만한 삶이
가득 차 있음으로 비어 있음조차 비어 있게 한다.

로댕의 〈발자크상〉
완결된 형상이 아닌 이미지만으로 발자크를
명료하게 드러냈다.

라투레트 수도원
거친 콘크리트 표면이나 빛의 성스러움으로
승화된 무의도적 의도의 라투레트 수도원.

심검당 외관
의도 없는 수도자적 삶의 장소와 무덤덤한 형태의 외관.

이해되기조차 거부하는
예술

현존의 상태가 인간에게 전부일 수도 있다. 현실 속에서 의식주를 해결하는 일과 존재 이유가 분리되지 않으면서 생은 완전하다. 이곳에서는 단지 살기만 하면 된다. 사는 것과 도를 구하는 일이 다를 게 없다.

    평범한 'ㅁ'자형 집의 거친 판재 벽 사이로 스며들어 와 퍼지는 공적(空寂)의 빛 속에는, 빛을 보고도 아무 한 것이 없다는 듯 묵묵한 이끼와 자유롭게 날아다니는 벌레들과 승려들이 공존한다. 이곳에서 승려들의 일상은 곧 수도다. 심검당은 이런 삶을 담는 덤덤한 그릇일 뿐이다. 결코 명료한 형태를 요구하지 않는다. 그래서 심검당은 숭고하다. 취의(趣意)를 결락(缺落)한 듯 아무것도 의도하지 않으므로 충만한 삶이 가득 찬다. 차 있음으로 비어 있음조차 비어 있게 한다. 심검당은 사물의 본질적 실제로 존재한다. 그래서 심검당은 조화와 질서의 구조에서도 벗어나 있다. 대상의 견고함을 버림으로 눈에 보이는 외양 너머 사물 그 자체가 지니는 본성을 드러낸다.

    심검당은 의도와 명료함의 체계로서가 아니라 순수한 실체적 형상으로 모든 물상의 다양성을 전체의 통일로 창출한다. 거친 표면은 자아와 융화되어 모든 형태를 가리지 않는다. 그 표면은 파손되어도 언제나 아무것으로도 대체 가능하므로 형태 면에서도 영구하다. 연연하지 않음으로써 획득한 영구성이다. 이해되기조차 염두에 두지 않고, 그 어떤 의도로부터도 자유롭게 인간을 위하는 삶의 장소이고 예술이다. ◉

미완과 환영

인간이 조영造營한 우주

경복궁
경회루

경회루 기둥에 새겨졌던 용의 그림자가 물에 비치어
물결 따라 움직이며 하늘로 날아 다녔을 용연.

경회루 내부
3중적 공간의 비어 있는 중첩으로 알 수 없는 신비로운 빛과 자연의 무한 공간이 되었다.

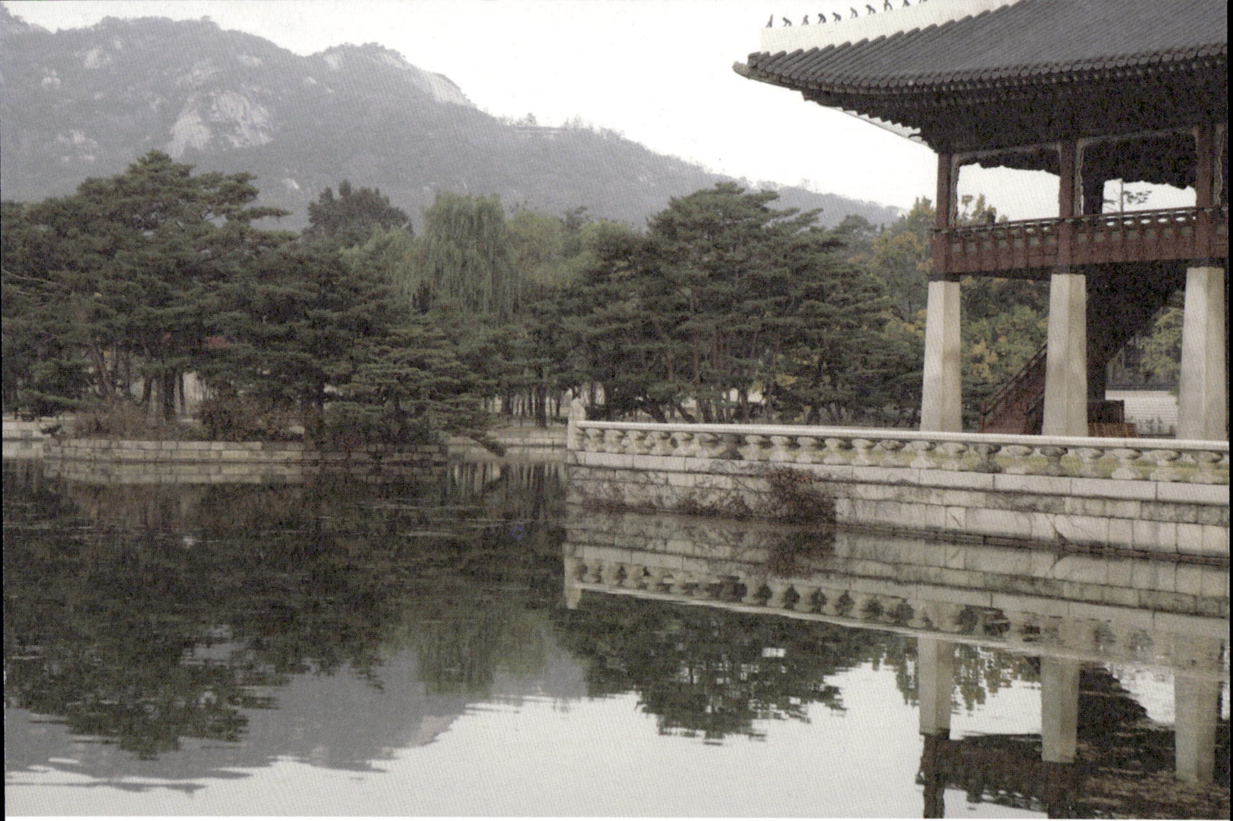

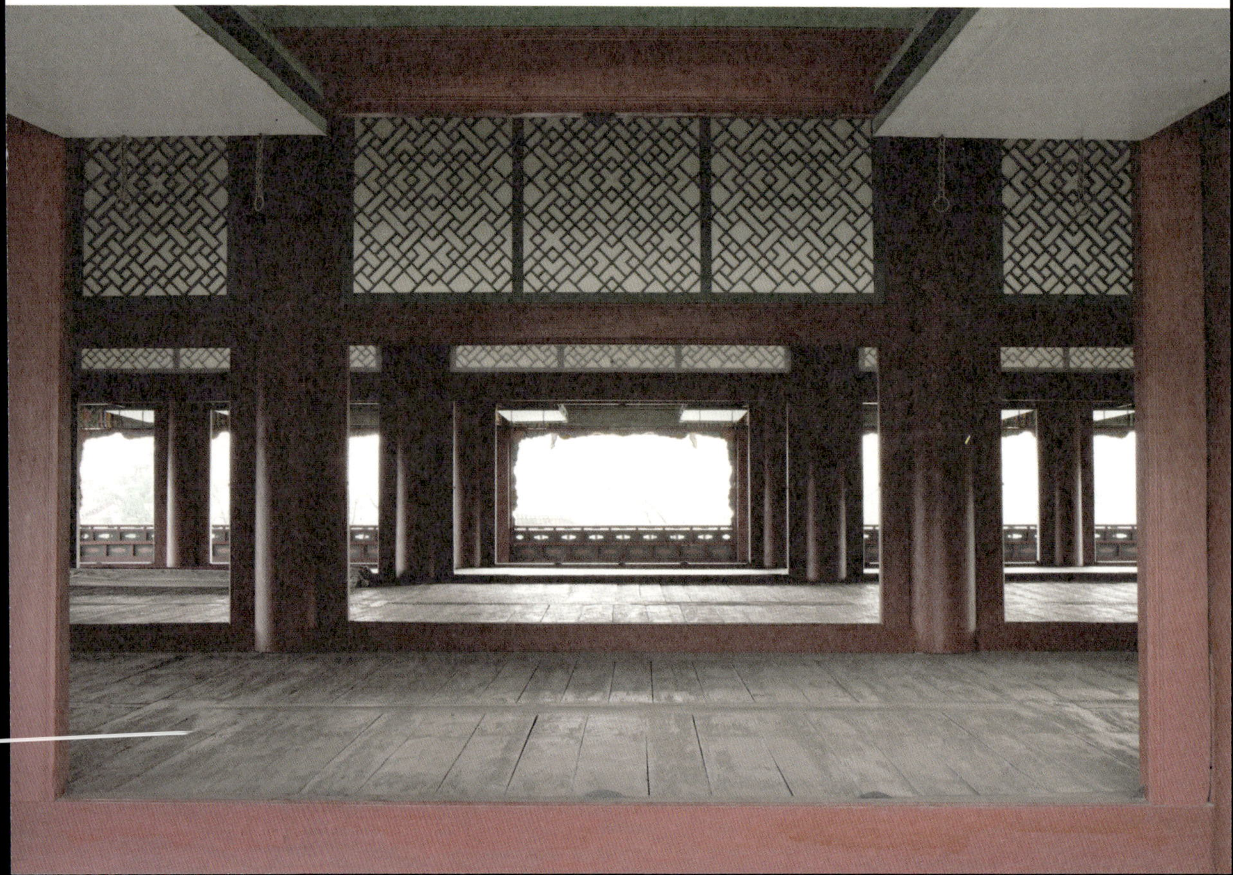

언제 보아도 그 존재를 드러내지 않은 채 연못 한가운데서 '하늘과 땅을 끌어안고 바람과 구름을 엮어' 환영으로 존재하는 듯한 경회루는 1층을 비워서 오히려 육중하나, 고요히 떠 있는 듯 서 있다. 물속에 비친 건물의 모습조차 쳐다보기가 벅찼을까, 이곳에선 돌조차도 사유에 걸림 없는 환상을 원하는 듯, 난간석 끝 해태 한 마리는 스스로 고개를 돌려 하늘을 바라본다.

1412년 태종 때 창건되어 성종 때 개축하였고, 임진왜란으로 소실되어 250여 년 동안 폐허로 남아 있다가 고종 2년(1865)에 중건된 경회루는 사신을 접대하고 군신 간에 연회와 경론을 베풀고 기우제를 지내는 등 궁궐 내의 중요한 국가적 행사를 치르는 곳이었다. 기울어진 경회루를 수리한 과정을 기록한 《신증동국여지승람(新增東國輿地勝覽)》의 기문에 의하면 "임금의 정사는 사람을 얻음으로써 근본을 삼는 것이니, 사람을 얻은 뒤에라야 경회(慶會)라 할 수 있다"라 했다. 근정(勤政)의 방도로 삼은 군신의 만남이 이루어지는 집이 곧 경회루였던 것이다.

고종 때 서술된 《경회루전도(慶會樓全圖)》의 서문에는 천지의 모습으로 조영된 사실과 역(易)의 원리를 건축에 적용하여 풀이하고 있다. 누가 2층이며 3중적 구조로 된 내부는 참천양지(參天兩地)의 수를 말함이며 35칸의 내부는 육육궁(六六宮)을 뜻하는 것인데, 36중 1이 모자란 것은 주변의 비어 있는 허공이 태극의 하나라는 뜻에 있다. 또한 중궁(中宮)이 3칸인 것은 천지인(天地人) 삼재(三才)를 의미하며, 제2중의 12달을 의미하는 12칸, 제3중의 24방위 및 절기를 나타내는 기둥 등, 우주가 이룩되어 있는 원리를 상징함과 동시에 주역의 32상 64괘로 표현되는 체(體)와 용(用)의 원리로서 우주적 건축을 조영하려 하였다.

경회루 전경
주변의 인왕산과 북악 그리고 남산이 물에 투영되어, 물속에 비친 자연과 하늘로 우주를 더욱 깊게 만든다.

경회루 내부
세 겹으로 된 직선의 평면 틀로 비워서 만상을 담아낸 공간이다. 12달과 24방위 및 절기 그리고 주역의 원리를 상징하는 체계보다는 우주의 이치를 추상으로 일깨우는 듯하고 주관적인 심미 판단도 불가능하게 한다.

경회루 내부
붉은 꽃비 내리는 빈 우주같이 텅 빈 1층과 화려한 단청의 천장.

경회루 연못에서 발견된 용
용의 조각을 이용한 상징으로 용연을 더욱 사실화 하였다.

근정전 천장의 쌍룡
근정전 천장의 쌍룡과 비슷하게 여겨지는 용들이 경회루의 기둥에 조각되어 있었다.

진실은 하늘이 내려 준

본연 本然

이러한 상징은 왕과 왕비의 침전(寢殿)에 용마루가 없는 이유와도 비슷하다. 흔히들 "왕은 용이기에 또 다른 용이 지붕 위에서 임금을 짓누를 수 없어 용마루를 만들지 않았다"고 하나, 지붕 위를 통하게 하여 하늘의 기를 받은 후사를 얻기 위함이었다. 하늘의 이치를 받는 장소임을 스스로 돌아보게 하여 정사를 크고 바르게 할 수 있었기 때문이다. 경복궁·창덕궁·창경궁의 침전 건물들의 당호를 보아도 교태(交泰)·대조(大造)·통명전(通明殿)이라 하지 않았는가.

경회루가 상징하는 우주의 의미 역시 유사한 것으로 천지(天地)의 원리를 터득한 천중(天中)의 공간에서 정사를 펼쳐 창성하려 하였다. 용 위에 용이 있을 수 없다는 절대 왕권으로 상징되는 조선의 왕이 아니었다. 《조선왕조실록(朝鮮王朝實錄)》에 의하면 경회루의 개축과 중건에 수많은 반대 상소들이 있어 건물 하나조차 뜻대로 지을 수가 없었음을 알 수 있다. 왕권이 허약해서라기보다는 '진(眞)이란 본연의 모습이며, 본연은 하늘이 내려 준 원래의 모습'인 것 같이, 민의를 하늘의 진실한 뜻으로 생각했기 때문이다.

조선에 왔던 류큐국의 사신이 "이번 길에 세 장관이 있었는데 그중 하나가 경회루 돌기둥의 용이라" 하였다. 성종 때 개축하며 구름과 용을 가로 세로로 새겼는데, 돌기둥의 용이 물속에 그림자를 지어 물결 따라 움직이며 연꽃 사이 물속에 비친 하늘 위로 날아 다녔을 것이다. 중국의 국보로 황제가 세안을 할 때 물이 움직이면 그 속에 조각된 물고기가 살아 있는 듯 움직이는 청동 세안대와 유사하나, 조각된 용이 물속에 있는 것이 아니라 용의 그림자가 물 위에 비쳐 이루어 내는 장관이었으니 조각보다 사실적인 용의 승천이었다. 그러나 그 화려함도 선비의 눈엔 아름다움이 아니었다. 대사헌의 상소문에 의하면, 석주에 용을 새겨 사치하고 장엄한 일에 대해 대간과 조신들의 말이 많았음을 알 수 있다. 중건된 경회루에는 용을 새기지 않았다. 대원군의 〈묵란도(墨蘭圖)〉와 추사의 〈세한도(歲寒圖)〉에서 보듯 건국 초기와 유사한 고졸미(古拙美)의 문인화를 추구하였던 시기였기 때문이다.

파르테논 신전
황금의 비례만으로 수학적 질서의 형태가 된
정미하고, 우아한 우주적 자연의 건축.

물에 비친 경회루
하늘과 땅을 끌어안고 장중하나 구름처럼
부유하여 환영같이 떠 있는 경회루 외관.

우주를 비추는
환영 幻影

"순수하고 단순한 본성을 절대적인 것"이라고 한 데카르트는(Rene Descartes), 점과 선만으로 모든 것에 적용될 수 있는 절대적이고 순수한 방정식으로 만든 근대정신을 추구하였다. 그러나 순수와 절대는 존재하지 않는 것으로 '진실은 예술적 환상으로만 정당화될 수 있듯' 절대적 실체로서 진실을 객관화시킬 수는 없다. "객관적 사실에 충실하기 위해 환영을 등한시 할 경우 결국 경험을 피상적으로 만드는 결과가 된다"고 말한 예이츠(William Yeats)는 "진정한 시(詩)는 실상을 비추는 환영"이라 하였다. 경회루는 점과 선 그리고 허공으로 만든 우주를 비추는 환영이다. 우주적 순수의 장엄함과 텅 비어 있음의 화려한 대비를 성공적으로 성취하였다. 진실과 순수에서 초연한 환영의 모습으로, 삼중으로 된 허공이 만들어 내는 빛과 자연의 교향곡과도 같다.

"모든 것이 건축이다"라고 오스트리아 건축가 한스 홀라인(Hans Hollein)이 말했듯, 이곳에선 건축이 아닌 것이 없다. 모든 환경은 본질적으로 주체와 동등하다. 북악과 남산 그리고 인왕산의 자연이 외호하고 사방의 담장은 물속에 비친 하늘을 더욱 깊게 만드니, 이야말로 인간이 다시 우주를 깊게 만든 것이 아니고 무엇이겠는가.

해와 달과 별의 삼광(三光)을 뜻하는 세 개의 다리를 건너면 48개의 기둥과 천장, 기단부의 섬, 연못과 담 그리고 자연이 만들어 내는 5중적 켜로 이룩되었으나 인간이 만든 물질적 환경은 아무것도 없이 느껴진다. 마치 우주가 조영한 것 같다. 1층의 붉은 단청으로 덮여 있는 천장의 꽃들은 수직 기둥만이 가득한 빈 우주의 중심에 꽃비를 내리는 화려하나 텅 빈 선계(仙界)이다. 섬과 물, 담과 건물의 평면까지 사각으로만 구획된 통층 구조의 우주에는 음양의 양의(兩儀)를 말하는 좌우 문이 있다. 동쪽 문은 일출(日出), 서쪽은 일입(日入)이라 적혀 있어 태양의 기운이 드나드는 곳임을 상징하고 있을 뿐 아니라, 상징과 실체가 합하여 내부에서 태양과 달빛은 창호지 사이로 들고난다.

성스러워
알 수 없는 세계

계단을 오르면 사방으로 통하는 끝없는 바깥 회랑은 건축과 주변의 허공이 만들어 내는 투명한 우주 같다. 내부에서는 창살문과 경관이 다중적으로 중첩되어 빛과 바람과 구름이 일상을 신비롭게 만든다.

세 겹으로 된 직선의 평면 틀로 상징적 체계로서가 아니라, 비워서 만상을 담아낸 공간으로서 우주의 이치를 추상으로 일깨우는 듯하다. 우주는 순수(純粹)와 속(俗)의 구분도 없고 주관적인 심미 판단도 불가능한 세계이다. 그렇다고 의지를 갖고 살 수밖에 없는 인간에게 스스로의 생각마저 없는 상태가 순수도 아니다. 사유로서는 다 이룰 수 없는 미완의 여지까지 포용한 것이 순수의 세계이다. 맹자는 "충실하여 빛나는 것을 위대(爲大)라 하고, 위대하여 감화시키는 것을 위성(爲聖)이라 하며, 성스러워 남이 알 수 없는 것을 위신(爲神)"이라 하였다. 추사는 〈부작란도(不作蘭圖)〉에서 자유로운 방필(放筆)로 그림자와 같은 무위의 난화를 그리고 심의를 피력하기를 "20년간 난초를 그리지 않다가 그려 유마(維摩)의 불이선(不二禪)을 이룩하였으나 세인들은 알 수 없을 것"이라 하였다. 그것은 자만심의 발로가 아니라, 그린 바 없는 엷은 획으로 실제의 난초보다 지극한 형과 향의 생명을 실현하였으니 신(爲神)의 세계를 이룩하였다는 말이다. 주역에서 "하늘은 아름다운 이(利)로써 천하를 이롭게 하나 말이 없어 그가 이롭게 한 바를 자랑하지 아니한다" 하였듯, 경회루는 충화(充化)의 기운으로 혼연일체의 조화를 이루는 우주가 되어, 다시 우주를 품는 화려함을 지나 가슴 벅찬 환희가 되었고, 말없이 묵묵한 '통명(通明)'의 건축이 되어, 인간이 조영했으나 아무도 알 수 없는 세계가 되었다. ◎

경회루 내부
이(理)와 기(氣)의 이치로 추상을 일깨우는 듯, 순수와 속의 구분도 없고 심미 판단도 불가능한 세계.

추사의 〈부작란도〉
그림자와 같은 무위의 자유로운 획으로 난의 외형과 내면의 향까지 살아 있는 듯 느껴지게 한다.

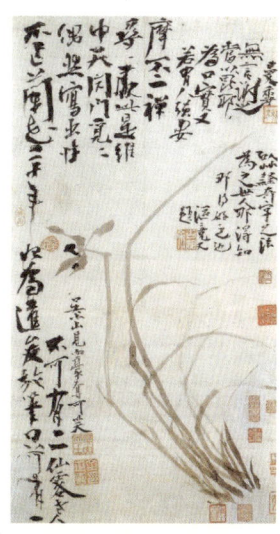

조화와 통일

원융부동圓融不動의 무량법계

화엄사 각황전

연속되는 석탑과 석등을 가진 2층의 장대한
불전이나 멀리 있어 웅장함도 벗어 버린 각황전.

화엄사 전경
빈 마당과 높은 석단의 상승 공간에 위치하여 각 건물이 개별적인 동시에 하나의
전체로서 장애되지도 않고 섞이지도 않는 조화로운 세계가 되었다.

신라 시대 이래로 지리산은 이 땅의 다섯 명산 중의 하나이며 하늘에 제사를 지내던 신령스러운 산이었다. 그 산과 같이 광대한 법계처럼 느껴지는 화엄사(華嚴寺)로 가는 길에 잠시 멈추니, 구름 너머의 높고 장대한 연봉들과 물 건너 깊고 오묘한 골짜기들이 서로 조화롭게 틀고 휘어들며 사라진다.

각황전의 전신인 장육전(丈六殿)을 창건했던 의상은 《화엄경》의 내용을 포섭한 〈법성게(法性偈)〉에서 "진성(眞性)은 매우 깊고 미묘하여 자성(自性)을 지키지 않고 연(緣)을 따라 이룬다(成)"라고 노래하였다. 예술과 종교는 진성의 인식을 미(美)로써 실천한다는 의미에서 동질적이다. 그러나 때때로 철학적 사유에 의한 진리의 인식이 인간에게는 유효하나 예술에는 유효하지 않음을 발견할 때, 예술의 초월성을 느낀다. 화엄사는 예술의 초월성과 함께 화엄의 가르침을 건축으로 드러내어 원융무애(圓融無礙)한 법계에 들어설 수 있게 한다.

신라 진흥왕 5년(544)에 창건되어 화엄종의 본산이었으며, 후기에는 선교양종의 대본산이었던 사찰답지 않게 작은 담으로 가린 소담한 일주문을 통과하면 휘어진 길과 통로 양측의 수목들 사이로 차례차례 드러내는 동적 장면이 펼쳐진다. 그 시점의 끝에 있는 금강문을 나오면 수직의 석단들 위로 천왕문과 보제루까지 이어서 나타나는 산지사찰의 점진적 유도 방법을 보게 된다. 그러나 화엄사는 측면에서 사선 방향으로 바라보게 하여 천왕문의 정면과 우측면, 그리고 다음 목표인 보제루까지 중첩해서 보이는 입체적이고 동적인 지각을 하도록 유도한다. 주불전의 중심 공간에 이르지 않고 부분만으로도 생명의 실체, 즉 법성(法性)을 깨닫게 하는 화엄의 조형 정신을 엿볼 수 있다.

화엄사 전경
신령스런 지리산 자락의 높고 장대한 연봉 사이의 원융무애한 화엄법계.

사사자 석탑
사실적이고 유형적인 사자와 추상적 탑의 조형이 함께 어울려 있으나 동질적이다.

고려 불화
투명하게 겹칠하여 고유색을 잃지 않는 다중적
채색의 별상과 총상으로 신비를 더한 고려불화.

대웅전 외관
높은 지대이나 계단을 넓게 만들어 각황전보다
두드러지게 하였고 위, 아래의 마당을 하나되게
만들어 영역을 확장하고 중심 공간으로 자리한다.

빛도 없고 형상도 없는
존재

천왕문을 지나면 시야가 넓어지면서 보제루만 보이는 것 같지만, 왼편 상부의 사사자탑에서 시작하여 영산전과 각황전, 그리고 원래 지금보다 작고 멀리 있던 종각이 푸른 송림과 함께 천상 세계의 건축인 듯 눈앞에 펼쳐진다. 《화엄경》 중 〈노사나품(盧舍那品)〉에서 "항상 유전(流轉)하여 변하는 일체의 법은 부처님의 법신으로, 불가사의하여 빛도 없고 형상도 없고 아무것에도 비교할 수 없으나, 모든 세계는 여러 형상으로 존재하고 있다" 하였듯, 보제루 뒤로 펼쳐진 그 형상으로 비로자나 부처님이 불법을 설하고 있다.

　　천왕문을 지나 누마루 형식의 보제루를 돌아서면, 탑과 석축 위의 건물들과 비로봉이 텅 빈 마당에서 극적인 반전을 하며 한눈에 파노라마로 전개된다. 눈앞에 펼쳐진 총상(叢像)의 무한 장면은 인식으로 발견되는 것이 아니며 한정된 공간의 형상이나 빛도 아니다. 상즉상입(相卽相入)의 연기의 존재와 같이 개별적인 별상(別相)은 "많은 덕을 포함한 하나"로서 총상을 의지하고 있는 화엄 사상의 무량법계이다. 높이 4미터, 길이 백 미터 이상되는 장대한 석축은 상승 공간으로서 다양한 건물군을 하나의 전체로서 조화를 이루게 하였다. 각황전과 원통전 그리고 대웅전과 같은 주 건물은 합각지붕으로 하여, 맞배지붕을 한 주변 건물과 구별되게 하는 동시에 서로 맞물리게 하였다. 또한 진입부에서 본 것처럼 건물들을 여러 각도로 틀어 각황전의 좌측면과 대웅전의 우측면까지 동시에 보이는 입체적이고 역동적인 배치를 하였다. 시선의 흐름은 수평적 흐름에서 수직적 상승으로 비로봉까지 연결되어, 화려하면서 우아한 위엄과 섬세하면서 당당한 기품의 시각적 조화와 공간적 연속감을 준다.

　　마치 《화엄경》 〈입법계품(入法界品)〉의 비로자나장엄장 누각처럼 "크고 화려하기가 허공과 같아 서로 장애되지도 않고 어지럽게 섞이지도 않는다. 선재(善財)가 한 곳에서 모든 곳을 보듯 모든 곳에서 다 이와 같이 보았는 바", 이곳의 모든 건물은 하나가 전체이고 전체는 하나 속에 들어오는 무이(無二)의 법성을 표현한 법계가 되었다.

모든 생명은

조화를 꿈꾼다

인조 8년(1630)에 중건된 대웅전과 숙종 29년(1703)에 중건된 각황전은 주불전인 대웅전의 중심성을 해치지 않기 위해 멀리 있다. 하지만 화엄종의 주존(主尊)인 비로자나불을 봉안하고 있기에 더 큰 2층 건물의 1탑 배치처럼 지어서 조화와 대조를 함께 표현하였다. 70년이나 늦게 세워졌음에도 각황전은 먼저 지어진 단층 건물인 대웅전을 선명하게 부각시킨다. 상대적으로 크나 모든 면에서 대웅전보다 절제되어 있기 때문이다. 그러나 비교된 절제를 통해 또 다시 화려한 별상을 취하고 있기에, 각(覺)의 황(皇)으로서 부동하나 자유자재한(浮動) 경계의 조화된 모습으로 여여(與與)하다.

    모든 생명은 조화를 꿈꾼다. 생명은 홀로 존재할 수 없기에 조화롭지 않으면 살아갈 수 없다. 본능적으로 조화는 작위적이지 않고 스스로의 의지를 배제함으로써 개별화에 앞서 하나라는 생명의 본성을 추구한다. 그래서 이들 고유의 개별적 본질은 절대적 사실로서의 하나로 설명되는 모든 결정성에서 벗어나 다의적으로 언표되며, 모든 상황적 욕구 사이에서 고통을 야기하는 개별화를 경계하여 미의 상태로 나아가는 것이다. 조화는 모든 것이 하나라는 동일성의 발견이다. "세상의 이치는 하나가 아니나 서로 다르지도 않다"는 원효의 비일비이(非一非異) 사상이나 "다른 것과 차이의 확인은 동일한 것을 해명한다"라고 한 하이데거(Martin Heidegger)의 말도 결국 동일성의 발견이다. 동일성을 알지 못하는 개별적 의식은 분화적일 수밖에 없으며 불가능한 자유에 대한 집착만 남길 뿐이다. 모든 생명이 그러하듯 화엄은 우리의 삶 속에도 내재하며, 분화적인 자의식이나 삶과 죽음으로 대비되는 이율배반적 상대성도 서로를 하나로 묶는 조화의 장치이다. 동양인이 죽음을 영원으로 인도하는 가교로 보았듯이, 삶과 죽음은 양극단에 있으나 한 지점에서의 만남으로 압축되므로 결국 하나로 환원된다. 그 하나는 영원이며, 또한 찰나이니 서로를 조화시키며 생명력을 확충시킨다.

각황전 외관
화엄미의 본질을 품고 있는 듯 각황전은 외부에선 2층이나 내부는 통층으로 땅과 산을 하늘처럼 마주하고, 자연 속에서 역동한다.

성 소피아 성당
부분은 전체의 일부로서 조화롭고 엄격한 신성을 지향한 성 소피아 성당.

미美는
신의 본성

조화는 본능적 감성으로 존재의 관계성을 느낄 때 이루어진다. 화엄사는 조화라는 추상적 관념을 형상으로 펼쳐 보인다. '조화에 있어 체계란 없다'고 말하는 듯, 이성적 비례나 대응되는 건축의 규칙들은 쉽게 느낄 수 없다. 총상과 별상으로 구분 및 통합되어 있기 때문이다. 모든 건물들이 땅과 산과 하늘처럼 마주하고 화엄의 규칙들 속에서 역동한다. 생명적 동일성 안에 다시 개별적 화엄으로 자리하고 있는 각황전은 화엄미의 본질을 품고 있는 실체적 공간이다. 밖에선 2층이나 내부는 통층으로, 그 높이를 짐작하기 힘든 기둥들 사이와 사면의 창을 통해 들어오는 은근한 빛의 광휘는 만색이자 하나의 색으로 화하는 단청의 색과 화해한다. 시각과 청각에 의해서 인식되는 것이 아니라 영혼에 의해 인식된 듯한 탈색되지 않을 광휘는, 부처님의 반쯤 감긴 눈꺼풀 아래로 인간의 절실한 갈망들과 마주할 뿐 열정과 엄격은 없다. 그저 아름다움만 있을 뿐이다.

미는 모든 생명이 본능적으로 가지고 있는 두려움으로부터 초월하게 하는 근원적 힘을 내포하고 있다. 생명체 스스로 조화를 이루고자 하는 미적 정화의 기능은 두려움에 취약한 모든 생명체들 간에 사랑과 연민을 자아내며 화엄의 대라천大羅天을 이룬다. 사랑과 연민을 느낀다는 것은 감상적인 행위라기보다 정성으로 가꾼 꽃이 잘 자라듯이, 조화롭고자 하는 자연의 욕구이다. 진정한 미는 신의 본성이라 한다. 그래서 인류는 신의 본성과 조우할 수 있는 종교 공간을 그토록 아름답게 표현하고자 하였을까. 그리고 그 미의 공간에서 진성을 깨달으며 신성과 합한 존재이고자 하였던가. 화엄의 세계는 신성의 세계다. 모든 존재가 구별 없이 통합되는 원융圓融이 화엄의 법성이듯, 이곳에서는 모든 것이 조화를 꿈꾸는 자연적 사랑인 자비에 스스로 동화된다.
◎

각황전 내부
높은 기둥 위 고창을 통해 들어오는 빛의 광휘는
단청과 화해한 무화의 상태를 지속한다.

형상과 크기

회소향대回小向大의 천상누각

창덕궁 부용정

부용정은 '아(亞)'자형의 모습으로 한 칸이 돌출되어
세 칸이지만 한 칸의 작은 모습으로 인식된다.

창덕궁 부용정
맑은 물속에 자연과 하늘을 펼쳐 놓아 우주와 하나가 되며, 천상의 공간에서 책을 읽게 하는 주합루에서 내려다본 부용정.

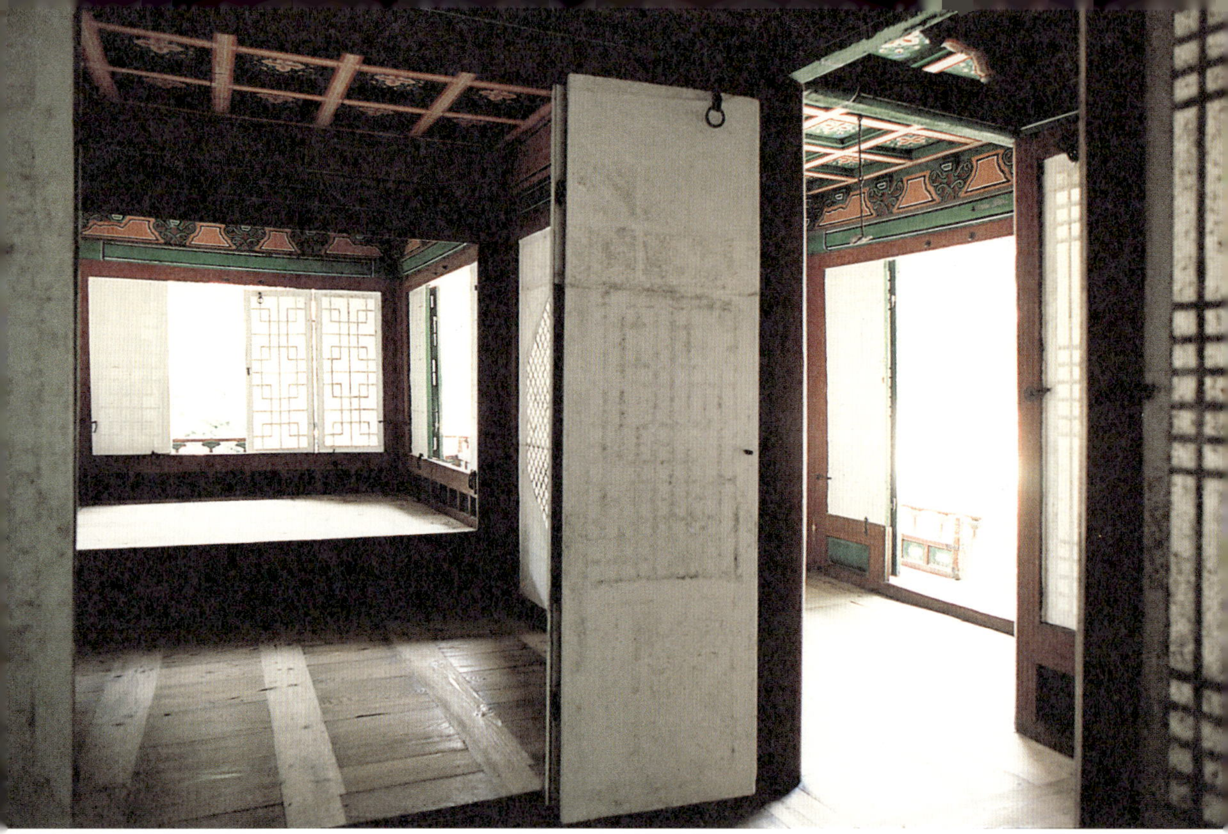
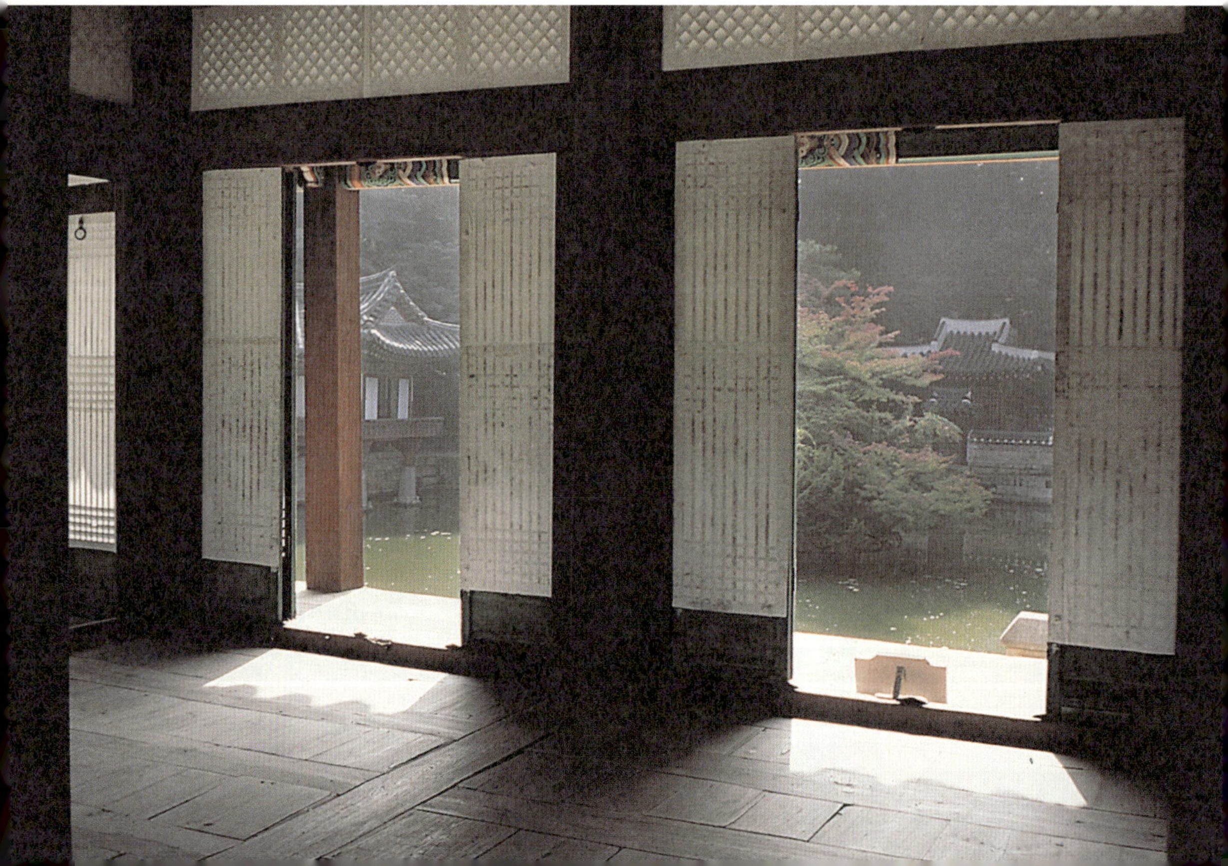

장자는 〈천하〉편에서 황홀하여 적막하고 아무 형체가 없는, 시공을 초월한 변화무쌍한 무한 경계의 아름다움에 대해 얘기하며 "죽음은 삶과, 하늘은 땅과 함께 나란히 존재한다"고 하였다. 천하만물이 기운생동(氣運生動)하는 봄날 아침 부용지 사각형에 담긴 우주에는 하늘 아래 물이 있고 물 위에 다시 숲과 하늘이 비치니, 물이 하늘 같고 하늘이 숲 같아, 자연도 이와 같은 경지는 얻지 못한 듯하다. 동양 철학에서 지미지선(至美至善)의 예술이란 사실적 형태의 추구가 아니라, 살아 있는 듯한 화경(畵境)에서 나아가 자연에는 존재하지 않았던 형상과 의미의 세계를 무지무욕(無知無慾)의 방법으로 생명적 경지를 표출하는 일이었다. 그것은 하지 않은 불생(不生)으로 천연(天然)한 화(華)와 문(文)의 미를 구현하는 일이며 시간 앞에서도 영원히 자재하는 것이었다.

한 시대가 이룩한 미를 논할 때, 그 시대가 이룩한 위대한 문화와 예술로 말한다. 소박하고 천연덕스러운 인류 공통의 대중적 민속품 등으로 시대정신을 구하지는 않는다. 조선의 정신과 문화가 빛나는 것은 아무것도 표현한 것 없이 백토로 빚어진 무(無)의 색으로만 색을 느끼게 만들고 원적(圓寂)의 모습까지 체득하게 만드는 순백의 백자가 있기 때문이다. 작고 평범한 일상으로 인간의 보편적 감정을 파헤쳐, 슬픔 없이도 울게 만든 윌리엄 포크너(William Faulkner)의 《고함과 분노》가 있어 근대 미국문학이 인정을 받는 것과 같다. 이런 점에서 부용정과 단순한 사각의 부용지는 작지만 가장 큰 누정과 연지로 스스로 빛나는 미적 존재가 되어 한국미의 또 다른 전형을 보여주고 있다.

부용정 내부
내부에서 바라보는 각 방은 그 끝이 인식되지 않으며, 여러 형태의 방으로 치환되고, 반전되어 변화무쌍한 자연의 경계와 함께한다.

영화당 내부
실내에서 바라보는 부용정은 작지만 창문에 가려서 끝이 없는 연못으로 변전된다.

조선의 백자
아무것도 없는 백토로 빚어진 무(無)의 색과 추상의 형태로 문지화미(文之華美)의 지극함을 추구하였다.

스스로 빛나는
미의 존재

부용정은 본래 숙종 33년 택수재(1707, 澤水齋)로 지었던 것을 정조 원년 주합루(1753, 宙合樓)란 당호의 규장각을 세우고, 16년 후 택수재를 고쳐 지으면서 '부용정(芙蓉亭)'으로 부르게 된 것이다. 즉위 원년에 가장 먼저 지은 것이 주합루의 도서관인데, 김홍도에게 친히 그리게 한 〈규장각도(奎章閣圖)〉를 보아도 이곳에 대한 정조의 애정은 각별한 것이라 당대의 탁월한 왕실건축가에 의해 지어졌을 것으로 추정된다.

흔히들 부용정은 '하늘은 둥글고 땅은 네모지다'는 천원지방(天圓地方)의 음양오행 사상에서 그 형태가 비롯되어 "하늘의 원형과 땅의 방형 그리고 팔각형을 인간으로 표상하고, 앞 기둥은 물속에, 뒷방은 땅 위에 있어 음양이 교합하여, 부용정 평면이 '십(十)'자형이 되었다"고도 한다. 그러나 하늘이 비치는 연지는 사각의 형태이며 땅을 상징하는 연못의 당주(當洲)는 원형으로 되어 있다. 동양의 미학은 대상을 묘사하거나 상징하려는 것이 아니라 진상(眞相)을 추구하였으며, 모든 형상을 허망한 것으로 여긴 바, 상징적 모습으로 표상된 건축으로 천인합일(天人合一)을 이룰 수는 없다고 보았다. 건축의 상징이란 기능을 완성하는 역할을 하는 것이다. 마치 노인이 기거하는 방에 장수의 수복 문양을 새겨 놓아 마음을 편하게 하는 것과 같다. 건축이 건축적 이유로 먼저 이해될 수 있을 때 상징의 가치는 더욱 의미 있는 것이 된다.

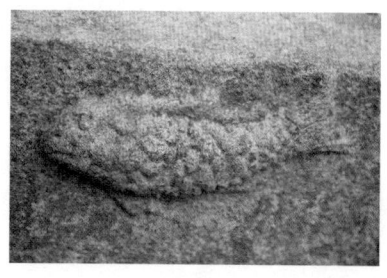

주합루
방지(方池)에 담긴 하늘 위에 주합루와 당주 그리고 소나무 등이 물과 함께 겹쳐진, 자연에는 없는 형상의 세계이다.

부용정에 조각된 잉어
물 밖으로 나온 잉어로 어수문을 통과하면 용이 되고, 학문을 통해 우주와 합일(合一)을 희구한 인재의 상징이다.

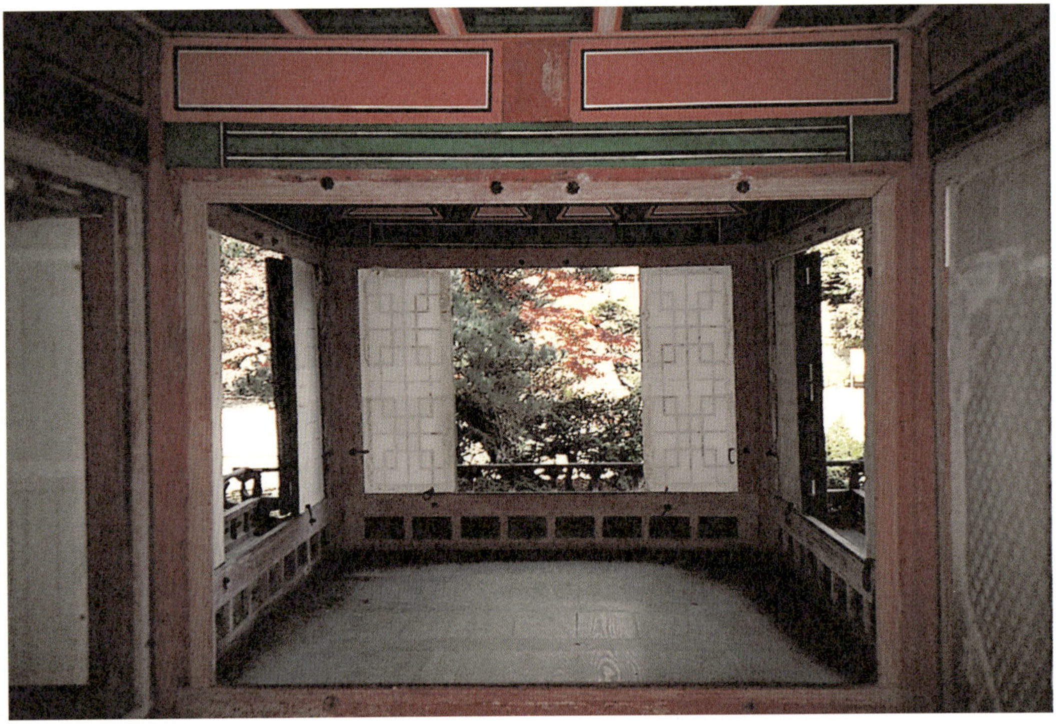

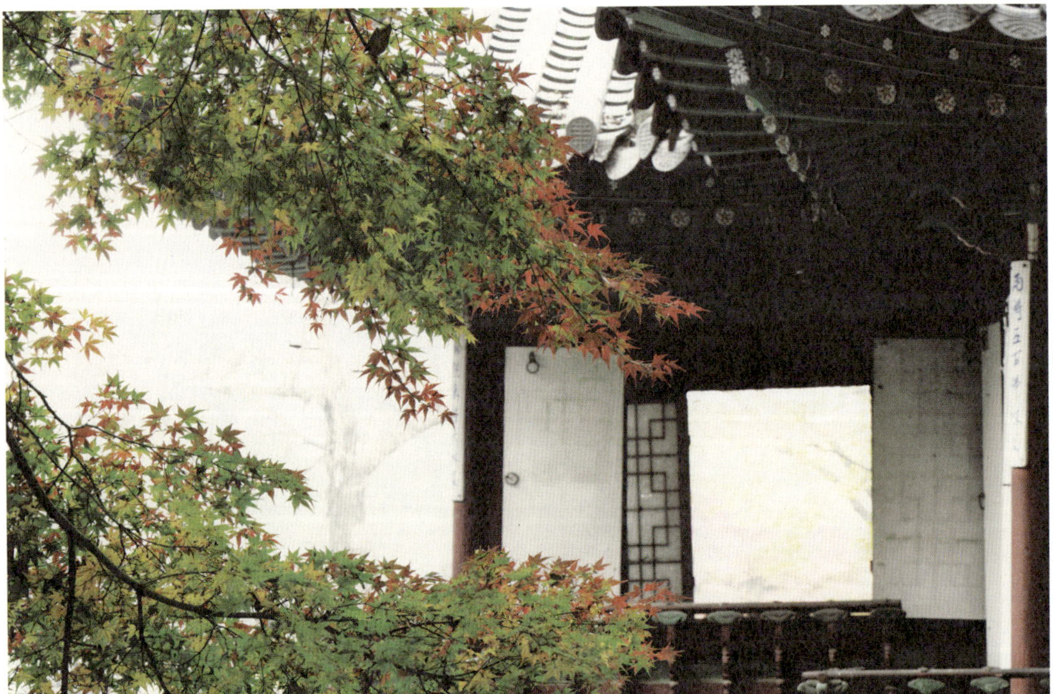

끝없는 연지와 청향淸香의 정자

부용정은 천원지방의 형상을 차용한 것이 아니라 그 원리로 천지의 화기和氣를 재현하였다. 형상이 아름다운 연못이 아니라 단순한 사각형 땅의 프레임을 통해 바라보는 하늘은 물과 하늘과 숲이 삼중적 은유로 겹쳐져 그 깊이를 알 수 없는 천중天中의 하늘이 되고, 그 연지의 공중空中에 있는 당주는 마치 원형의 별처럼 우주 속에 떠 있는 것처럼 느껴진다. 사실적인 동시에 관념적으로 표현된 또 다른 자연이다. 그러기에 광대한 연못이 아니라 형상을 초월한 아름다움으로 하늘이 비치는 맑은 연못을 만드는 수리水利기술이 더욱 중요하였다. 서태후가 베이징 이화원頤和園에 조영하였다는 인공호는 워낙 장대하여 끝이 보이지 않는 듯하나 그 유한 경계는 육안으로 인식된다. 그러나 부용정이나 영화당, 주합루의 내부에서 부용지를 바라보면 연못의 끝은 건축의 벽이나 문으로 가려져 끝없는 크기의 연못으로 보이고 사각의 형태만이 아닌 여러 형태의 연못으로 치환되고 반전되며, 심안心眼으로는 하늘 위에 떠 있는 연지로도 변화한다. 그리하여 주련柱聯에 적힌 한시와 같이 부용정 주변은 '색색의 놀이 빛나며 흐르고, 청향淸香은 십리에 퍼져, 대라천 일천부처 향성香城으로 둘러싸고, 꽃도 잎도 향이 되어 발 속으로 스며들어 서늘한 바람만으로 오백 나한의 염불 천음天音이 울려 퍼지는' 천락天樂의 세계가 된다. "욕심이 없으면 그 신비함을 보고 욕심이 있으면 그 나타남을 본다"고 노자가 말하였듯 부용정은 굴곡 많은 자연과 같은 나타남의 연못을 만들지 않고 의지 없이 느껴지는 사각형으로 신비한 하늘을 담는 사실적 추상의 연못을 조영한 것이다.

부용정 내외부
한 칸의 작은 정자로 보이는 부용정의 내부는 끝없는 방으로 연결된 거대한 정자로 변하며, 주변으로 빛나는 색색의 놀을 통해 천락의 세계가 된다.

천변만화千變萬化하는 무한 경계의
내부 공간

때로는 물에 비친 환영 같아 초월적이며 때로는 작음으로 영원할 것 같은 부용정은 세 면이 낮은 산으로 갇혀 그곳의 연지는 작을 수밖에 없었다. 그러나 주합루와 함께 왕실의 중요한 정자로서 큰 면적이 요구되어, '亞'자형의 평면을 하고 있다. 실제 7칸이나 삼면에서 바라보는 정자는 한쪽 면만 돌출되어 있어 한 칸의 작은 모습으로 인식되게 한다. 작은 연못에 어울리는 작은 정자이나, 그 크기는 우주만큼 크다. 경계를 알 수 없는 실질적 역설을 실현하고 있다. 정자의 내부에서는 두 기둥이 물 위에 있어 마치 배를 타고 있는 것 같고 물에 비친 하늘을 보면 하늘에 떠 있는 천상의 방과 같다. '亞'자형의 평면으로 인하여 한 칸 크기의 방, 긴 마루방, 7칸의 큰 방으로 변화하여 창을 열면 끝을 알 수 없는 무한경계의 방으로 변전한다. 그 공간적 넓이와 시각적 전망은 시방十方으로 무궁무진 변화하면서 확장되는 공간이다. 작은 것으로 큰 것을 향하는 회소향대回小向大로, 작음에 머물지 않고 무한 경계의 스케일을 육안으로 인식되게 하는 것이다.

　　절대적으로 아름다운 것이란 없다. 어떤 사물이 아름답다면 그것은 다른 무엇과의 관계 속에서 그런 것처럼, 대상은 변화하며 형상은 시간과 함께 소멸되는 것으로 인식하였기에 하나의 형상과 크기를 추구하지 않았다. 부용정과 부용지는, 진실과 관계되는 크기란 시공간의 스케일에 의한 것이 아니라 자연과 건축을 어떻게 이해하고 해석하느냐에 따라 이루어진다는 것을 말해 준다. 모든 창을 열면 한 칸마저도 사라진 형상이 없는 불생不生의 건축이 되며, 창을 통해 들어오는 자연은 천변만화하는 시간의 공간으로 무한 경계가 성취된다. 절대적이 아닌 관계적으로 모든 아름다움을 가지며 건축과 우주는 합일한다. 땅 위에 서 있으나 물 위에 있고 물 위에 있으나 하늘 위에 떠 있는 천원지방의 누각으로, 하늘과 땅과 운행을 같이한다. ◎

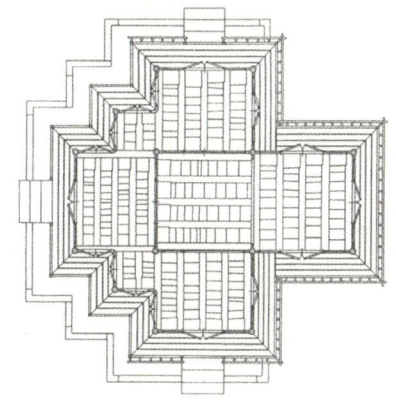

부용정 외관
측면에서 보는 부용정은 연지와 함께 보는 모습과는 상관없기에 크고 화려한 원래의 모습이 된다.

부용정의 평면도
'아(亞)'자형의 평면으로 인해 한 칸으로 보이나 방의 크기와 전망이 무궁무진 변화한다.

순응과 역행

선리禪理로 투관한 교상누각

송광사 우화각

물에 비친 환영과 한 호흡처럼 조응하는 육감정과
우화각.

우화각 내부
날아갈 듯 가볍게 물 위에 떠 있고, 물소리가 관통하는 공간으로 소실점 없이
끝없이 연결되어 흩어지며 융해된다.

청량각
무지개 다리 위에 무게감 하나 없이 걸터앉아 있는 청량각.

일주문
목재를 허공으로 엮어 만든 듯 육중하나 그로 인해 날아오른다.

서리 온 뒤 울타리에 유자 빛깔 노오란데 霜後籬邊橘子黃

사람들은 이것을 법왕이라 전하네 人傳便是法中王

삼현이니 삼요니 아무 말도 하지 마라 三玄三要都休說

점 하나라도 있게 되면 단과 상에 떨어질지니 一點還會落斷常

조계산 초입 무지개다리 위에 떠 있는 듯 서 있는 청량각(清凉閣)을 건너면, 골짜기로 불어오는 차가운 가을바람에 유자 빛깔처럼 경건하도록 화려하게 변신하여 삶을 벗은 낙엽이 온 산으로 발산되어 흩날리듯 흩어지는 황홀경을 펼친다. 그 흩어지는 낙엽들 사이로 숲길을 돌아서면, 일주문 아래 천년을 그 자리에서 미동조차 하지 않고 구부려 앉은 다리 위에 왼손을 괴고, 감은 듯 뜬 눈으로 허공을 바라보는 석수(石獸)가 있다. 마치 우주 한복판에 앉아 인간의 환상에 응수하는 존재처럼 조각된 원숭이의 상념은, 언설(言說)과 침묵(沈默)의 경계에 선 무한의 공(空) 같다. 잠도 깨어남도 삶도 죽음도 아닌, 모든 것을 자기 안으로 흡수하게 하는 고요한 수용성의 시간에 의해 닳아 없어질 정도로 오래되었으나 낡지 않고 생생하다. 그 선현(禪現)처럼 앉은 원숭이 상 위의 일주문 지붕은 소박하고 낮은 흙담과 유리되어 육중하나 오히려 가볍다. 작은 목재 부재들을 허공으로 엮어 올려 만든 지붕은 구름 같은 느낌으로 크고 작음을 쉽게 한정할 수 없는 모습으로 산사를 찾는 이를 맞고 배웅한다.

석수
모든 것을 자기 안으로 흡수하는 듯 선현(禪現)처럼
앉은 일주문 앞의 석수.

있음이 아닌

있음의 방식으로 이루는 형태

아인슈타인(Albert Einstein)은 자서전에서 "만약 사람이 자유롭게 추락한다면 그는 자신의 무게를 느끼지 않을 것이다"라고 하였다. 무게감이란 땅에 발을 딛듯 중력의 작용을 받을 때만 느낄 수 있는 상대적 세계에서의 느낌일 뿐이다. 형상을 초월한 경지란 '우주의 나머지'와 같이 거대한 영감에 차 있는 상태이며 선리(禪理)로서 투관(透關)한 미적 소통으로 '이미지의 고정된 형태를 포기하고 그것과 마주보는 우주적 힘을 배치'하는 것이다. 고정된 중심을 향한 만유인력적 역학 관계에서 탈피하여 모든 것이 관계와 차이에 의해 발생한다는 생각은 모더니즘을 거쳐 해체주의에 이르는 탈경계와 탈중심적 가벼움의 미학을 등장시켰다. 장자의 친한 벗이자 명가(明家)의 대표적 철학자였던 혜시(惠施)는 "천지는 하나의 전체로서 천하는 어느 곳이든 중앙"이라 했다. 해체주의자인 데리다(Jacques Derrida) 역시 "중심은 총체(總體)의 중심에 있다. 그러나 중심은 무한적인 총체에 속하지 않으므로 총체의 중심은 다른 곳에 있다. 따라서 중심은 중심이 아니다. 중심이 된 적이 없던 중심으로서의 현전은 언제나 이미 자체의 중심으로부터 유리되어 자신을 대체해 왔다" 하였다.

이와 같이 근원과 목적으로 향하는 힘의 인력이란 허구적 힘으로, 스스로를 구속하는 상황으로 나아가며 더 많은 힘을 필요로 하는 욕망의 잉여 상태를 배태한다. 아름다움은 절대적 가치이지만 형상을 통한 아름다움이란 상대적으로만 느끼는 가치이듯, 독일의 철학자 셸링(Friedrich Schelling)은 "있음이 형태를 이루는 것이 아니라 오히려 있음의 방식이 형태를 이루는 것이고, 바로 이 힘을 통해서 아름다움이 가시화된다"고 하였다.

임경당의 육감정
물속 깊이 내려선 듯 물 위로 솟아오른 듯 생생한
환영과 함께 호흡하며 부드럽다.

빌바오 구겐하임 미술관
중심 없는 탈(脫) 경계와 가벼움의 해체주의 미학.

침계루 전경
개울을 베고 있는 침계루의 기둥들은 물속에 비친
환영으로 날아다니듯 서 있다.

주체와 타자가 융해된
평화로운 상태

송광사 우화각(羽化閣)은 고정된 형상과 상대적 인력을 느낄 수 없는, 형식을 초탈한 있음의 방식으로 물과 하늘 위에 떠 있다. 일주문에서 바라보는 우화각은 임경당(臨鏡堂)과 한 쌍을 이루고 있어 어느 것이 중심인지 알 수 없게 한다. 하지만 자연스럽게 사람을 이끄는 우화각의 입구에 들어서면 왼편의 임경당과 오른쪽의 침계루가 누각의 형태로 협시하며 우화각을 중심이게 한다. 그러나 그 중심은 홍예교의 다리 위 기둥에서 날아갈 듯 가볍게 물 위에 떠 있다. 물소리가 관통하고 천왕문과 건물이 끝없이 연결되는 부유하는 비어 있음이다. 임경당의 육감정(六鑑亭)과 개울을 베고 있는 침계루(枕溪樓)의 기둥들은 물속 깊이 내려선 듯 물 위로 솟아오른 듯하며, 물속에 대칭되게 비쳐지는 생생한 환영과 함께 호흡하듯, 중심의 방향을 느낄 수 없는 상태로 부드러운 궤도 위를 날아다니듯 서 있다. 규칙적인 기둥을 지날 때마다 시각의 틀이 변형되는 황홀경의 주체는 계속해서 흩어지며 융해된다. 자신을 중심으로 발화되며 하나의 주체로 수렴되는 일명성(一名)의 방향은 허물어지며, 가변적이기에 소실점이 없는 그 자체의 공간적 말소 법칙으로 시작된 시선의 작용은 어느 곳으로도 고정되지 않고 해체되며 분산된다. 깃털처럼 날아오른다는 우화각의 난간에 앉으니, 중력의 법칙에서 벗어난 듯 가벼워서 편안하다. 좁고 긴 투명한 계류로 인해 소멸점도 사라지고 출발점도 사라지니, 과거에서 미래로 이어지는 시한성의 존재감도 사라진다. 물에 비친 환영으로 인해 윤곽선이 말소되어 실재가 허상이 되고 허상이 실재가 되는 듯하여, 보이는 것과 보이지 않는 것의 영역이 허물어진다.

자아가 없어진 선(禪)의 상태는 아름다움의 규범으로 삼았던 자연처럼 무위계이며, 형식적인 위압과 충격의 관계에서 벗어나 있다. 타자라는 대립적인 개념은 기본적으로 자아가 설정되어야 시작하는 개념이다. 그 어떤 대립적인 힘도 위협도 와해되어 버린 완전성은, 타자에 대한 인식조차 느낄 수 없는 평화로운 선의 상태와 조우한다.

부유함과 가벼움으로 체화된
선미禪美

계류 위의 우화각은 중심과 근원을 설정하는 오리지널리티의 신화를 무너뜨리며 어디든 생명의 시원始原임을 감지케 한다. 끝이 있고 소실점이 있는 원근도법의 서양화와 달리 중심이 여러 곳이므로 소실점이 있을 수 없으며, 그 중심 역시 가변적이므로 무無나 공空으로 화한다. 당나라의 시인 이백李白이 먼 산을 바라봄을 '공망空望'이라 하였듯, 모든 존재와 비존재들은 멀리 있는 산처럼 분리되지 않으므로 동시적이다. '구분은 구분 안 되는 대상을 배제하거나 억압하게' 되나, 동양화에서 여백과 물상이 하나로 느껴지듯 존재와 비존재의 영역은 공시적 공존의 영역이기도 하다.

모든 방향으로 흩어져 버리는 우화각의 형태는 구조에서 기인하는 것이 아니다. 대상들은 계속하여 살아 있는 관계를 유지하나, 의지하는 바 없이 스스로 부유하고, 한없이 가벼워 하늘로 기화하며 땅으로도 스며들어 우주의 전 영역에서 존재한다. 구조를 넘어선 탈구조이며 해체이나 무엇보다 온전하다. 공간을 점유하는 구조물로서의 존재가 아닌, 그 어떤 존재와 비존재와의 대립도 저항도 없는 우주적 자생으로 자신을 산출하며 확장할 뿐이다. 굳이 송광사의 옛 모습을 짐작케 하는 관음전과 국사당을 보지 않더라도, 돌을 땅에다 흩뿌려 놓은 듯 티끌의 무게감도 느껴지지 않는 보조국사 감로탑을 배례하지 않더라도, 천상과 지상에 동시적으로 존재하는 수순한 균형은 점점 더 빛나고 고요해진다.

바람이 불면 흔적도 없이 날아갈 듯한 종이처럼 얇아진 대찰大刹의 판자문 앞에 서서 무한으로 연결된 회랑과 같은 천왕문을 바라보면, 끝없이 처마로 연결되었다던 옛 시절이 지금은 송광사의 많은 건물 그림자로만 남고 아득히 사라진다. 일점一點 하나 없이 모든 것을 흡수한 듯, 사물을 자기 안의 몸속으로 흡입하게 하는 무한성에 존재의 망연茫然함을 체감한다. ◎

일주문 길
자연의 모든 존재와 비존재들은 분리되지
않으므로 동시적이며 빛과 그림자로 기화하고
스며든다.

해애의 제시가 있는 〈세한삼우도〉
추위를 느끼게 하는 화면 구성에 정교하고
사실적인 표현을 담아 애련한 매화와 강온한
소나무 그리고 초연한 대나무를 동시적으로
구성하여 공간을 초월한 고려의 문인화.

165

⊙ 도산서당과 전교당

도산서당의 가장 작은 연당은 졸박순소하여 아름다움은 없으나 자성의 성찰로 돌아보게 하는 명도(明道)가 된다.

주관과 객관

경敬으로 허명虛明한 천계天界

도산서당과 전교당

4칸의 건물이나 3칸의 건물로 보여 대칭이 아니나
대칭이 되고, 크지만 작고 유난히 높으나 경허한
전교당.

전교당
자연의 풍광은 사라지고 형체를 비린 빈 하늘만 보이는 전교당 마루

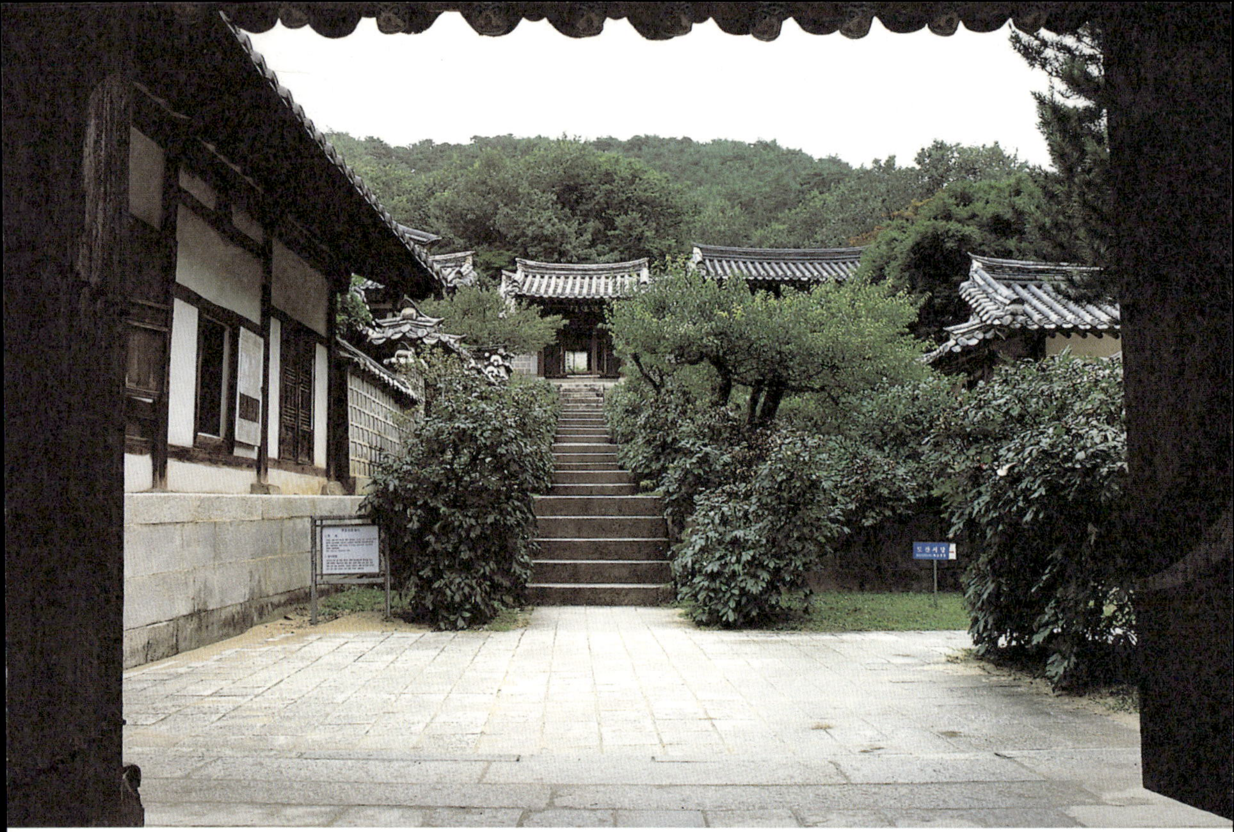

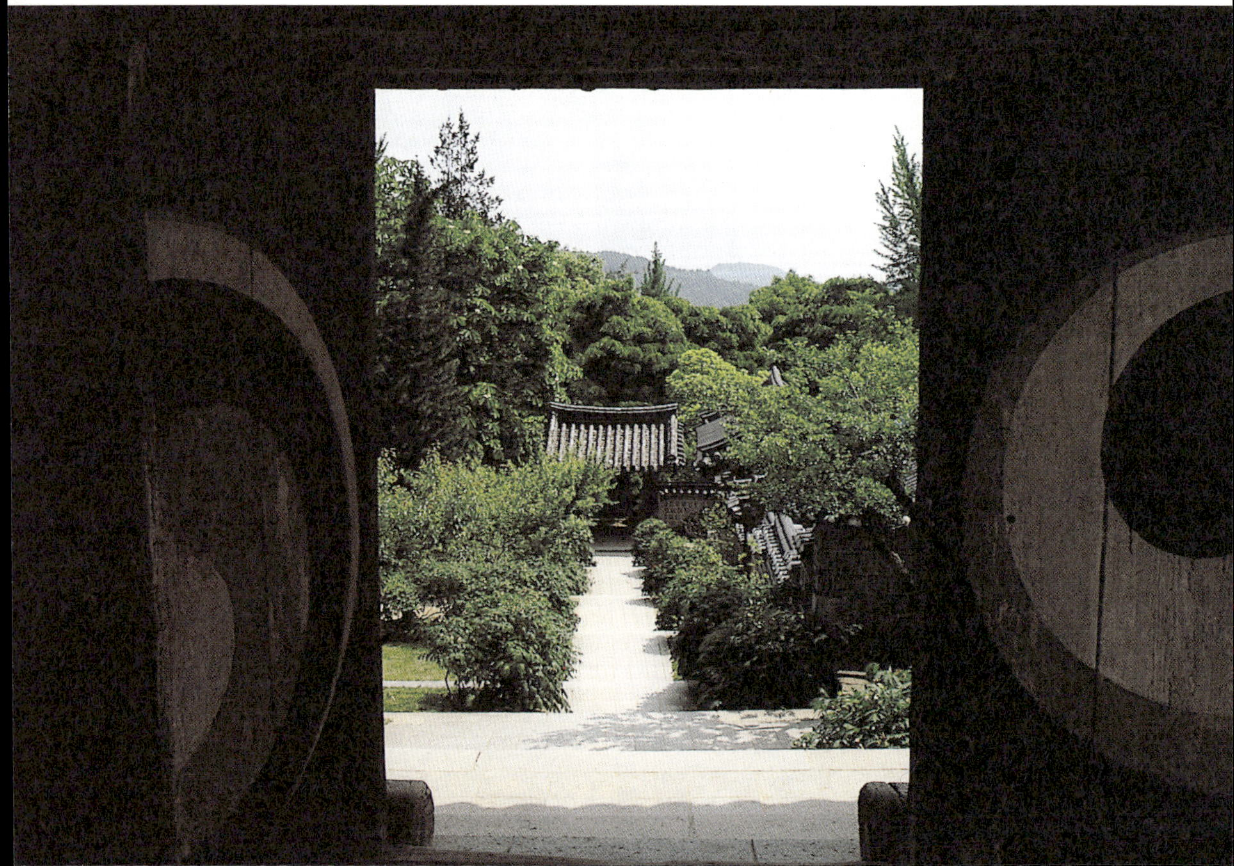

낙동강이 내려다보이는 천광운영대(天光雲影臺)에 서서 정조가 퇴계(退溪)의 유덕(遺德)을 추모하여 송림에서 경연을 열었다는 시사단(試士壇) 터를 바라보니, "임금이 덕을 성취함에 있어 그 책임은 경연에 있다"는 정자(程子)의 말이 다시 새겨진다. 7천여 명의 유생들이 모여 어제(御題)를 받았던 경연은 '단지 글을 강독하여 글귀의 뜻이나 놓치지 않도록 하려는 것이 아니라, 의혹을 풀어 도를 밝히고 교훈을 통해 덕을 진취시키고, 정사를 논하여 올바른 다스림의 방편을 마련하기 위함'이며, 대현(大賢)을 기리는 마음과 함께 치국의 요체를 물어보는 등에 그 의의가 있었다.

퇴계 이황(李滉)은 46세에 양진암(養眞菴)이라는 서재를 마련하여 관직의 사퇴와 취임을 되풀이하다, 57세에 귀향하여 도산서당(陶山書堂)을 짓고 70세로 세상을 떠나기까지 연구와 강학에 전념한다. 숨을 거두기 나흘 전 제자들에게 마지막 인사를 하게 되는데 "평소에 아는 대로 많은 것을 가르쳤지만 나도 모르게 틀린 것이 있을지 모르니 양해하라"는 것이었다. 이토록 교육자의 양심에 투철한 성인이었으니, 그 제자들은 지식 전수 이상의 고매한 인격적인 감화를 받았을 것이다. 자기 성찰의 위기제어(爲己制御)로 일관한 생을 살며 인간으로서 참되려고 한 그는, 묘석에 기록되기 원한 바 그대로 "도산에 느지막이 은퇴한 인간"이었다.

마치 세종이 신하를 해한 적이 없었으나 위엄과 권위로 치평(治平)을 이루었듯, 퇴계는 공자나 맹자와는 달리 제자에게 하대(下待) 한번 없이 예로 대했으니 그 위엄만으로도 감화 받게 하였다. 그의 문하에 기라성 같은 제자들이 조선의 문예 부흥을 이끌었던 것을 보아도 알 수 있다. 도산서당은 철학적 깨달음과 구도의 공간으로서 퇴계 스스로도 학문의 궁극을 성인(聖人)에 이르는 것에 두었듯 그 풍모가 성인의 삶과 인품을 마주하는 듯하며 고귀하다는 것이 무엇인지 느끼게 한다.

도산서당 입구
퇴계선생의 거처였던 서당을 왼편에 비켜두지만, 높은 곳 중심에 위치한 듯 당당하고 겸허하며, 올곧은 진입 공간.

도산서당
성현이 거처하던 서당을 날마다 바라보며 들고나게 하여, 자연과 사당 그리고 성현의 집은 유생들을 제도하는 수행 장치가 되어 고금을 꿰뚫고 인사(人事)의 빛을 발하게 한다.

173

얕게 보는 자유로움과
깊게 느끼는 온후함

성현이 거처하던 도산서당의 완락재(玩樂齋)의 한 칸 방과 암서헌 마루와 끊어진 담과 작은 연당은 졸박순소(拙樸純素)하나 범상치 않다. 연못은 있으나 가장 작은 크기로 있고, 빈 담장으로 인해 자연과 계곡의 물로 연결된다. 연못 끝 물 밖을 나온 거북은 자연 그대로의 돌거북이며, 정우(淨友)라며 옆에 둔 연꽃은 "속은 비고 줄기는 곧아 남을 의지하지 아니하며, 향기는 멀수록 맑고 바라볼 수 있지만 가지고 놀 수는 없다" 하였다. 다리 건너 비탈진 산에는 사군자가 있어 자연과 친화한다. 정우와 사군자 등 수신(修身)의 의미를 띄는 미적 장치들은 아름다운 것을 보고 즐긴 것만이 아니라 옆에 두고 스스로를 돌아보기 위함이었다. "학문하는 것은 아무도 보지 않는 곳에 혼자 있을 때에도 늘 삼가는 것으로 명도(明道)가 된다"고 공자가 말하였듯, 명도에 이른 그가 설계한 공간은 아름다움을 통한 자성의 관조였던 것이다.

    퇴계는 "성인(聖人)의 말은 위아래로 철저하고 정조(精粗)가 겸비되어 사람이 배운 바 얕고 깊음에 따라 모두 적용될 수 있다. '편안한 뒤에 능히 생각한다(安而能慮)' 함을 거친(粗) 면에서 말한다면 중인(中人)이라도 힘써 나아갈 수 있음을 뜻함이요, 지극히 정(精)한 면에서 말한다면 대현(大賢) 이상이 아니면 진실로 할 수 없는 것이 있다" 하며 성인의 면모를 설명하였다. 이러한 그의 철학이 미로 발휘된 듯 씻은 듯이 느껴지는 청결한 쾌는 검박한 고요함, 그 이상의 정서를 주재한다.

    3칸 집이나 4.5칸으로 변화하는 파격적이면서도 단순한 평면은 정조의 두 가지 면을 성인이 다 가지듯 얕게 보는 자유로움과 깊게 느끼는 온후함으로 마주하는 아름다움으로 장치되어 있다. 마치 올바른 선비를 친근하듯 뜰 한켠의 연못과 완락재 작은 창밖으로 보이는 밝은 허(虛)로 자경(自警)하는 담장의 빈칸은 고담(枯淡)하나 정심(精深)한 노(老)의 경지로 자연을 담고, 집은 작으나 무궁하여 육체와 정신이 자유로운 천방(天游)을 불러일으킨다.

진도문
치우쳐 있으나 치우친 바 없는, 곧고 바른 길 위의
진도문.

도산서당 입구

작은 도산서당 때문에 진도문과 광명실 또한 크게
할 수 없었지만 이중적 기단과 누각의 형태로
견고하고 깊으며, 온화하게 도(道)로 나아가게
한다.

중용의 도처럼
허한 상태의 주재

퇴계의 철학을 '경의 철학'이라고도 하는 바, 경은 지(知)와 행(行) 또는 동(動)과 정(靜)에
일관적 기초가 되는 것이다. '정한 가운데 주일무적(主一無適)한 것은 경의 체(體)요, 동(動)한
가운데 온갖 변화에 대응수작하면서 그 주재자(主宰者)를 잃지 아니하는 것은 경의
용이다'. 도산서원은 이러한 경의 정신이 곳곳에서 미학으로 드러난다.
　　　주자는 "성인의 마음은 형연히 허명(澄然 虛明)하여 사물을 볼 때 큰 것이든
작은 것이든 사방팔방으로 사물에 따라 대응하지 않는 것이 없다" 하였다.
성인에 대한 이 설명은 퇴계의 경의 정신과 어우러진다. 정문을 통해 퇴계
사후에 지은 서원에 진입하면 도산서당을 오른편에 두어 그 유지를 가까이
존덕하였으나, 감히 집 옆을 지날 수가 없어 진도문을 왼쪽으로 비켜 두었으나
높은 곳 중심에 위치한 듯 서당과 서원이 동시에 바르다. 이와 함께 전교당과
상덕사로 이어지는 전체적인 비대칭의 구성은 모든 건물이 각각의 위치에서
주체가 되게 하여 대응수작하는 경의 공간을 실현하고 있다. 마치 살아 있는
듯 주객체가 바뀌어서 움직이고, 움직이는 가운데 정한 중(中)의 모습이 되어
분리되지 않고 혼용하여 도산서원을 둘러 흐른다.
　　　작은 서당 때문에 진도문과 광명실 또한 작지만 이중적 기단과
누각의 형태로 당당하고, 강당인 전교당은 비대칭 건물이나 2개의 계단으로,
4칸이지만 3칸의 병존하는 대칭으로 비켜 보이는 사당과 함께 예외적이지만
또한 견고하다. 일견 형식적으로 보는 전교당의 높은 기단부는 진입부의
절묘한 건축 수법으로 볼 때 별도의 건축적 이유가 있는 것으로, 경의 철학은
도산서당과 같이 동양 예술의 희원(希願)인 깊은 곳에서 나오는 간소하고 너그러운
심간(深簡)으로 나아가야 했다. 높은 전교당 대청마루에 앉으면, 1930년에 증축된
서광명실은 답답하게 막아서 있으나 도산서원에 없던 좌우대칭의 질서미까지
첨가하여 동(動)과 정(靜)을 모두 갖추었고, 그로 인해 내부에서 도산서원은 더욱
천계(天界)가 된다.
　　　진도문과 동서광명실 지붕으로 막은 정면은 자연의 풍광이 아닌 천광(天光)과
운영(雲影)만이 한눈에 들어오는 모든 형체를 버린 구극의 빈 하늘이었다. 어디에나

있는 하늘이나 이곳은 하늘 밖에 없어 가치의 위계에 대한 서열은 없고,
인위적 위치로 주재하지 않으며 상반되는 구방심과 극기복례가 공존한다.
                    求放心   克己復禮

주·객관이 대응 일치하는
원리의 원리

주관과 객관의 대립적 인식론을 전제하던 서양 철학은 궁극적으로 결정론적인
자기모순에 처하게 될 요소를 내포하고 있다. 이것에 회의적이었던 니체는
"객관적 인식은 불가능하며 허구에 지나지 않는다" 하였다. 그러나 독일의
철학자 후설은 "인식이나 판단 개념이 있기 이전의 직관에 바탕을 둔 모든
       Edmund Husserl
원리의 원초적 원리로 환원되어야 주·객관이 분리되지 않는 상태를 찾을 수
있다"고 하였다. 마치 장자가 말한 갓 태어난 아이의 무지 상태와 유사하다.
"중은 허하면서도 주재가 있다"는 방자의 말처럼, 도산서원 전체의 비대칭적
 中 虛   主宰   方子
건축 장치들은 주·객관에 대한 깨달음을 높은 곳에 상정한 듯
"신에게 의지하는 것은 증명할 수 없는 것으로 패륜이고, 의식을 벗어난 것은
위태롭기 그지없다"고 생각하였던 유학자들 인식 본연의 직관 상태인 '원리의
원리'로서의 하늘로 자리한다. 그것은 판단과 심상이 배제된, 원초적으로 경험
대상과 진리에 접근하는 양태이다. 이것은 분리되지 않는 전인적이며 순정한
시각에 이르는 환원 장치로 조망케 한다.
    도산서원은 '내면의 시각이 트이듯' 주·객관의 개념적 장치들이
혼동되는 동시에 배제되어 하늘 이외에 아무것도 없는 순선한 마음 본래의
                                        順善
바탕으로 환원되며 정화하는 곳이다. 마치 '지극히 성실하여 한 순간도
허망하지 않은, 그리하여 천의를 따르는 것이 사람의 도리'라 하였던가. 퇴계
                  天意
자신처럼 천덕을 아는 그 이치는 고금을 꿰뚫고 인사의 빛을 발한다. 성학이
       天德   人事   聖學
완성됨으로써 서로 즐겁게 어울림이 물과 고기의 관계처럼 되는 이 공간적
상황에서 그 모든 것은 마음 안에서 벗어남이 없다. ◎

도산서원 현판
퇴계 이황 선생 사후 4년째이던 1574년, 유림과 제자들이 선생을 추모하기 위해 서원을 건립했고, 이듬해인 1575년 선조는 한석봉이 쓴 '도산서원(陶山書院)' 현판을 하사했다.

어몽룡의 〈월매도〉
곧은 고목 위에 새로 나온 어리고 가는 가지는 보름달에 걸려 있다. 늙은 정미함(史)과 힘찬 태연함(野)으로 높고 깊은 공간을 담은 선비의 정신을 느끼게 한다.

◉ 법주사 팔상전

경험과 인식으로만 이해되는 것이 아니라, 존재와 비존재의 전체 영역 속에서 이루어진 미적 방식의 표현.

구상과 추상

고요한 비춤의 절대 추상

법주사 팔상전

좌우로 속리산을 두고 소나무길 중앙으로
천왕문과 팔상전이 합하여 사람을 이끄는 길.

법주사 전경
5층 지붕의 육중함은 올려진 처마선으로
균형되며, 깊은 5층의 처마와 높은 기단으로
위압하지 않는다.

안견의 〈무릉도원도〉
괴량감이 많은 산의 형세는 그리기 보다는 필묵이
스스로 흘러 저절로 그려진 것 같고, 사람 한 명
없는 무릉도원은 복숭아 꽃 화사한 구상이나
추상적 표현 같은 암시와 은폐로 현실 세계와
분리되고 연결되었다.

팔상전 정면
5층 지붕의 장중함을 들어올린 처마의 선으로
육중하나 가볍고 균형을 이루어 형태를 벗은
불성의 실상을 체험하게 한다.

굴참나무 그늘에 쌓인 잔설 속에서 투명하게 시들어 가는 단풍잎들은 몸을
모두 비워 대지에 공양을 올리는 듯하고, 땅에 묻혀 크기를 알 수 없는 평평한
암반 위에 홈을 파 세운 벽암대사비는 육중하나 가벼워서 자연석과 비석의
형상이 추상으로 변전한다. 속리산 초입 큰 바위 사이로 난 석문을 지나면
고려 초 마애불이 가는 허리와 대비되는 도톰한 손과 발의 생동감으로 선견禪見을
드러내고, 정면으로는 팔상전이 양 옆의 속리산 자락을 협시불로 하고, 구름을
후불탱화로 삼고 있다. 불탑의 탑륜에 드리워진 햇살과 함께 세상은 있는
그대로 맑게 다가선다. 목탑이 만들어내는 건축적 경관은 자연과 어우러져
그 어떤 장식보다 장엄하게 불佛세계를 표현하며 금강문에서부터 팔상전까지
자연스레 유도하고 대웅전 너머 빈 산으로 나아가게 한다.

　　형태　너머로　나아간
　　불성佛性의　실재

인간의 고유한 심적 바탕에는 경험과 인지로만 존재를 확인하게 하는 대상을
넘는 정신적인 지대가 존재한다. 형태를 가지는 대상이란 인간 본연의 심성을
재현함에 있어 제한적이며 진성眞性을 밝힘에 걸림돌이 되어 우상화될 우려가
있다. 진성은 외면적인 의미에 의존하지 않는다. 이것이 미美를 표현함에 있어
실제의 형상을 거부하고 추상으로 전환하는 이유이다. 그러나 이 추상 개념은
정신적 측면뿐 아니라 인간 삶의 표현 방식 전체가 내포되는 양가성을 가진다.
그러기에 본질적 형상이란 추상이라는 순수 인식의 지적인 상징을 통해
드러난 인간정신의 표출이다. 이러한 방식은 순수한 주관이자 어떤 대상에
얽매이지 않는 지극한 객관에 이르게 한다. 경험과 인식으로만 이해되는 것이
아니라 본래의 정신 영역과 존재와 비존재의 전체 영역과의 관계에서 그 미적
방식이 이루어지며, 서술성에서 벗어나 형태 너머로 나아간다.
　　　　공허한 이미지의 조각들에서 본질의 흔적을 발견할 수는 없듯 추상의
울림은 어떤 윤곽으로도 한정지을 수 없는 것이다. 공空으로 표현되는 불성佛性은 그
불성조차 없는 절대 추상이다. 그것은 특정한 대상과의 결부 없이 존재한다.

187

그러기에 금박의 불상에서 느끼는 불성의 현전보다, 건축으로 표현된
목탑에서 느끼는 불성의 실제가 더 생생한 것이다.

   법주사 팔상전은 추상 정신과 공간이라는 두 가지 지주가 빛으로
발하고 존재하는 곳이다. 공간으로 표현된 추상은 생생한 본연(本然)의 장소로
사람을 거부하지 않는다. 대상으로서의 부처는 보지 못하지만 어떤 조각보다
생생하게 추상으로서의 불성(佛性)을 느끼게 한다.

   5층 지붕의 장중함은 들어 올린 처마의 선으로 육중하나 가볍게 보이며
균형을 이룬다. 상반된 힘과 형태가 만드는 장중함과 가벼움은, 불성이라는
관념적 형상으로 상징된 신의 내부로 들어가게 한다. 꽉 짜여진 내부는 빛과
어두움을 혼합해 놓아 건축 구조와 골격들은 서로 아무 상관없는 체계처럼
영원의 실상을 체감하게 한다. 신의 순수한 주관성을 자기 사유로 실현케
하는, 형태를 벗어버린 추상이다. 모든 것이 정신적인 중심에서 동시에
만나며, 실재하는 것들과 관념적인 표상들이 미광(微光)으로 서로 의미를 갖는 내적
조합을 만들어 낸다. 황홀함 속의 고요한 감동이 빛과 함께 우주의 흐름으로
움직이며, 그 자체로 모든 것을 설명할 수 있는 절대 추상이기에 더 이상 다른
것으로 이야기하기를 원하지 않는다.

   이심전심(以心傳心), 불립문자(不立文字)의 의미가 추상적 미(美)로서 전달되는 것이듯 추상은
숭배를 원치 않으며 깨달음을 유도한다. 여러 표상적 장치들로 드러나는
전능한 힘에 대한 의지와 숭배는 결국은 힘이 가치라는 말로 설명되지만,
지배함 없이 평온을 주는 역할로도 절대를 체현하는 목탑은 숭고한 상징을
아름다움 속에 정화시킨다. 인간의 모든 설명과 이야기 속에서 미(美) 그
자체로 이해되는 팔상전은, 어떤 것에도 개의치 않고 살아있는 본성만으로
아름다움까지 획득한 속리산 입구의 정이품 소나무의 숭고함과 같다.
그 아름다움은 의도된 것이 아니라 나무 본연의 생존에서 나온 무욕(無慾)의
숭고함에서 비롯된다. 완벽한 기능이란 기능이 없을 때만 가능하듯, 기능이
없는 무실용의 탑은 추상적 실상으로서의 부처의 생명에 다가선 모습이다.

쌍사자 석등
고도의 압축 상태이나 가는 허리와 위로 향한
자세로 분산되지 않는 균형이 느껴지며 연꽃 위에
잘록한 허리와 묵직한 등은 가벼움과 강건으로
화한다.

팔상전 내부
꽉 짜여진 건축 구조와 골격들은 아무 상관없는
체계처럼 영원의 실상을 체감하게 하며, 사방에
계신 불상과 빛과 어두움이 혼합되어 공간으로
물성의 실제를 느끼게 한다.

무용無用으로 이룩한
숭고한 실용

추상이 실제에 맞닿을 때 그 숭고함은 빛이 난다. 무용無用의 가치 체계로 깨달음을 유도한다는 것은 추상이 삶 속에서 그 기능과 효용을 발휘하는 것이다. 건축이 이룬 이 역할은 실은 모든 유기체가 지닌 특질이다. 심미적 측면과 실용적 측면은 정신적 주관성과 실용적인 객관성의 조화이다.

　　이것은 '예술이 실용이나 다른 무엇이 될 수 없고 그 자체로 절대적 목적이 되어야 한다'는 현대의 예술론을 떠올린다. 그러나 현대 예술은 실제 삶의 맥락에서 유리되어 스스로 소외되는 한계를 지닌 측면이 있다. 심미적 쾌快에 대한 강조만으로 아무 역할 없이 스스로 고고高高하려는 예술보다, 깨달음을 향한 실용적 장소와 목적의 건축 공간은 오히려 숭고하다. 순수 예술이 얻지 못한 도구의 역할을 획득하고 있기 때문이다. 개별성의 궁극이 일상적 행위 속에서 자신을 벗어버리는 것이라면, 삶과 하나로 융화되어 쓰여져야 한다. 모든 예술적 활동을 자연과의 합일에 이르는 깨달음의 과정으로 본 동양이나, "목적론적 적합성에 대한 인지로부터 발생하는 지적인 기쁨"을 말한 아리스토텔레스, 혹은 "구체적 목적이 없는 합목적성의 형식이 미적 판단의 선험적 원리를 구성한다"고 생각했던 칸트Immanuel Kant는 삶과 예술이 통합적으로 만날 수 있는 예술의 숭고성을 간파한 것이다.

　　신에겐 철학과 목적이 필요 없으나 모든 존재자에게 완벽히 작용하듯 팔상전은 무용無用으로 우미優美를 이루는 묘유위용妙有爲用의 건축이다. 형태를 넘어 모든 모방 형식을 탈피한 추상의 순수함과 그것 자체의 정신적 영역만을 주장하지 않고 내부에 모셔진 불상의 자비로움에도 공양을 올린다. 인간의 일상까지도 수용하여 진리와 예술적 추구 전체뿐 아니라 삶 전체를 포용하고 추연推演한다. 이는 보다 아름다운 통합체를 만드는 절대 추상으로서 고요함과 비춤寂照의 빈 탑이 된 건축이 구하는 표징表徵이다. ◎

법주사 팔상전
상반된 힘과 형태가 만드는 장중과 가벼움은 상관없는 체계처럼 보이나 그 자체로 불성을 설명한다.

일본 동사 목탑
깊은 처마로 날아갈 듯 가벼운 일본 동사(東寺) 목탑.

중국 보은사 목탑
짧은 처마로 강건한 중국 보은사(報恩寺) 목탑.

맑음과 통합

광풍제월 光風霽月의 맑은 선계 仙界

담양
소쇄원

소쇄원의 광풍각은 의도된 공간임에도 신선한
자연의 정조 그대로의 모습에 젖어들게 한다.

광풍각
선비의 삶과 자연의 모습에 공간은 격리되거나 분리되지 아니하고 전체의 하나로서 관계 지어진 것처럼 자신과 세상을 다시 보게 한다. 서향의 바람으로 차오르는 가득함이 유현함을 풍겨 공간을 청명함으로 적시고 시냇가 흐르는 물은 돌에 부딪는 소리를 낸다.

ⓒ 사진 박영채

광풍각 내부
흔적조차 느껴지지 않는 공간으로
탈절범속(脫絶凡俗)하고 유현한 청명함이 물소리와
함께 차올라 모든 공간을 적셔온다.

한적한 바람소리가 허허로운 대나무 길을 지나 애양단의 낮은 담장이 둘러진
입구의 내원에 들어오니, 청명하고 맑은 향내 가득하여 세속의 모든 속태는俗態
걷어지고 마치 한적한 처사가 된 듯 청풍과 함께하는 충족감에 유유하다.處士
손상되지 않은 자연의 정조 그대로의 모습을 보는 신선한 감정은 이곳이情調
철저히 의도된 공간으로 감싸인 인위적 구조로 인한 것임에도 아무런
의심조차 사지 않은 채, 방문객들을 건축인지 정원인지 모를 자연 본래의
아름다움에 취하게 만든다.

    맑고 깨끗한 세상을 염원하는 인간 본연의 욕구가 '선비'라는 시대의
예술가를 만나 공간으로 실현된 이곳은 16세기 성리학적 배경의 지식인들이
사회 정신적 토대이면서 또한 어느 때보다 당쟁의 시류가 극심했기에 보다
많은 회의와 예술적 고민이 팽배했던 양극단의 시기에 지어진 별서정원이다.別墅庭園
기묘사화로 조광조가 사사된 후 그의 제자였던 양산보는 자신이 거처할己卯士禍 梁山甫
이상향을 만듦에 있어 세속의 모든 명리를 향한 마음을 비워내고 고향으로名利
내려와 그의 낙원 소쇄원을 짓는다.瀟灑園

    시와 문학을 논하며 즐기는 것을 생활의 한 부분으로 삼았던 선비들에게
예술은 학문과 정쟁의 시류 속에서 언제든 삶을 미학적으로 되묻게 함으로
현실의 좌절을 미적 세계로 연결하는 실질적 기능을 담당하였다. 그리하여
이곳은 탈절범속하여 한가롭고 격식에서 자유로우나 품격을 잃지 않는다.脫絶凡俗
자연의 생생한 가치를 묻고 그 변화에 참가하던 선비들은 낙원에의 욕구를 삶
속에 실현시키며 그들의 정신 세계를 이렇듯 체험 가능한 공간에 거주시킨다.
이 유용한 예술적 환상들로 생은 다시 새로워지고 기쁨으로 편안함을 얻게
되는 것이다.

    이곳은 세상과 격리된 듯하나 실은 도학적 심성을 일깨움으로 세상을
다시 보게 하는 역할을 수행하여 결국 세계와 인생에 대한 이해를 돕는다.
담장에 쓰였던 '우주만상의 변화와 상생의 이치'가 모두 담겨 있는 김인후의相生 金麟厚
시 〈소쇄원 48영〉이 그러하고 맑게 되어지는 목적 또한 그러하다. 마치 계곡과瀟灑園48詠
숲과 담장들이 서로 연결되며 끊어질 듯 이어진 전체의 하나로서 관계 지어진
것처럼 삶과 자연의 모습에 공간은 격리되거나 분리되지 아니하고 하나로
닮아 있다.

소쇄원 담장과 물길
검은 광석과 물길 위에 비친 나무 그림자 등
무형의 물질로서 공간을 충만하게 채우고 영감의
원천으로 통찰을 불러일으킨다.

조선 목가구
인위적인 구조 임에도 자연의 나뭇결로 한가롭고
자유롭게 비어 있으나 품격을 잃지 않고 편안하다.

깨끗하여 맑고 고결한
자연의 경지

계곡 속 물 위에 자리한 글방 광풍각(光風閣)에 번거롭던 몸을 바르게 앉으니, '몸과 마음의 기운이 맑고 깨끗해지기를 바란다'는 뜻의 소쇄원의 이름과 같은 그 '소쇄(瀟灑)'함이 주는 깨끗하고 시원한 쾌한 맛이 두드러진다. 북송의 시인 황정견(黃庭堅)이 "춘릉(春陵)의 주무숙은 인품이 몹시 높고, 가슴 속이 담백 솔직하여 광풍제월(光風霽月)과 같다"고 말한 데서 그 유래를 찾을 수 있는 광풍제월은 '깨끗하여 가슴 속이 맑고 고결한 것'과 '그런 사람이나 세상이 잘 다스려진 일'을 뜻한다. 이곳은 주로 사람들을 만나 시를 짓고 노래와 풍류로 때론 강학으로 소일하던 곳으로 내부에 있으면 마치 선비의 의연한 마음으로 들어가 앉은 듯 단정하여 모든 맑은 소리에서 고요히 침잠함이 고담(枯淡)하다. 바람과 공간의 차오르는 가득함이 유현한 멋을 풍겨와 청명(淸明)함이 물소리와 함께 차올라 모든 공간을 적셔온다.

　　광풍각을 대각선으로 가로질러 높은 곳에 호젓이 위치한 제월당은 광풍각과는 대조적인 이미지로 배치되어 있다. 그러나 이 역시 전체의 부분으로 평림(平林)이 되어 자연스러운 혼재를 이룬다. 달빛에 저절로 밝아지는 밤, 그 유래의 뜻과 같이 제월당은 어둠과 밝음을 함께 지닌 선명한 명징함으로 높고 고요하며 담백하여 청정하다.

　　어둠 속에서 오히려 밝아지는, 모든 존재의 존재를 밝히는 밝음은 색을 드러내지 않고 무색의 맑음으로 본연의 색을 나타내게 한다. 이 본연의 공간이 자리한 주변엔 별달리 설치된 장치가 없다. 무색의 달빛이 주는 고결한 화려함과 명징함으로 족하기에 정서적 착색과 느낌조차 무화시킬 만큼 정화시키며 투명한 정신으로 사물과 대면케 한다. 이 빛 속에서 학문적 사색의 청정한 정사(精思)가 이루어진다.

　　맑고 고결한 소쇄함을 통해 세간의 근심에서 청정해지고자 선비들이 추구한 맑음의 경지를 알 수 있다. 비 개인 뒤 깨끗하고 시원한 서광(瑞光)의 하늘에서 부는 바람이나, 비구름 물러간 밝은 달빛과 같은 것으로 패옥(佩玉) 부딪치는 소리를 낸다. 유난히 투명한 한국의 자연과 꽃 색깔 때문일까, 그들은 투명하고 맑은 기운을 자연의 경지처럼 표현하려 하였다.

霽月堂

愛陽壇

원래 있는 충만한
맑음

중국의 유학자 동중서(黃庭堅)는 "하늘과 땅 사이는 텅 빈 듯 하지만 가득 차 있다"하였다. 이것은 보이지 않는 세계의 담담함을 말하는 것이자 원래 있는 맑음의 경지를 말한다. 마치 악기가 공명(共鳴)하며 감응하는 것과 같이 무형의 물질과 공간들은 서로 이질적이거나 상응되는 것을 빈 것으로 충만하게 채운다. 이러한 공간에 대한 감응 방식은 무수한 영감의 원천으로 매개되는 것으로 모든 관계들이 갖고 있는 관계성에 대한 통찰을 불러일으킨다.

그것은 소쇄원의 모든 장소에서 그러하다. 소쇄원 초입 초정의 난간에 기대어 팔 베고 따뜻한 빛을 쪼이다 보면 '부모에 대한 효도'라는 애양단(愛陽壇)의 또 다른 뜻인 '애일(愛日)'이라는 효심의 의미 또한 새기게 한다. 수도였던 한양(漢陽)의 이름조차 크고 위대한 빛이었던 것 같이 조선 시대의 선비들은 빛을 즐기기를 즐거워하였다.

또한 물속에 발을 담그고 차가움을 느끼며 탁족(濯足)을 즐기던 탑암(榻巖)과 상암(床巖)으로 명명한 바위들에 앉으면 '산의 이룸에 사람의 힘은 들이지 않듯(爲山不費人)' 작은 폭포와 살구나무 그늘진 바위 위로 흐르는 물 위에 비친 먼 산의 모습은 석가산(石假山)이 되어 다가오며 풍도(風道)에 젖은 선계(仙界)가 된다.

그러나 세속에서 벗어나 있어도 개인의 안락을 추구했던 것은 아니다. 이곳에서 학문을 닦고 교유하며 치평의 도를 이룰 수 있기를 염원하였다. 〈소쇄원 48영〉 작자의 시심을 굳이 알 수는 없지만 '어지러운 우레 소리 공중에 흩어지도록(亂雷空中散)' 노래한 22영의 시를 통해서도 안빈낙도가 아닌 현실과 연계된 그들의 염원을 짐작할 수 있다.

제월당
모습은 평범하나 달빛에 저절로 밝아지는 밤에 제월당의 마루에 앉으면 어둠과 함께 선명한 명징함으로 높고 고요하며 청정해진다.

애양단 담장
햇빛을 즐기기를 즐거워하였던 선비의 단정함이 배어 있다.

구분 없는 통합의 정원

광풍각과 제월당, 바위와 담장 그리고 이상의 은유적 설정 등이 가진 관계의 창조적 상황은 마치 자연이 원래 지니고 있는 관계를 더욱 풍부히 이룩한 경지로 이해되어진다. 이러한 공간들의 관계에서 이들은 서로가 고정불변의 상이한 영역이 되지 않음으로 그 모든 사이에서 여러 색으로 반향하게 하며 햇빛과 바람과 소리들을 함께 느끼고 소요하며 노닐게 한다. 구분하여 통합을 이룬 것 같으나 그 구분의 경계가 맑아서 구분의 경계는 사라진 통합만이 있다. 이러한 구획 속에서 마음과 세계가 어떠한 막힘도 없이 맑은 기운으로 가득하니 모든 것이 소통한다.

지극히 자연스러워 자연의 광영(光榮) 속에서 통연자득(洞然自得)하게 하는 이 정원은 그러나 치밀하게 계획되고 설계되어진 인공으로 조형한 정원이다. 이것은 만화(萬化)와 하나를 이루어낸 인공의 미로 이룬 살아있는 형식을 이룬 곳이다. 가장 인위적인 것이 가장 자연적인 것처럼 형태는 스스로를 나누며 엮는다. 〈무이도가(武夷櫂歌)〉의 〈구곡도(九曲圖)〉와 같이 씨줄에 날줄을 더하는 아홉 구비의 선형적 구성으로 나눔 없이 얽혀들어 경계와 구획조차 맑아 구분되지 않는다.

그리하여 바위 위로 굽이쳐 돌고 돌아 흐르는 물은 도도히 쉬지 않고, 곳곳에 넘치는 청풍의 화려함과 맑은 기운은 물경 가운데 녹아들어 해맑은 경계를 이룬다. ◎

광풍각 외관과 계곡
인공의 물길과 자연계곡에서 흘러내리는 물이 만화(萬化)와 하나를 이루어낸 인공의 미로 살아있는 형식을 이룬다.

광풍각 내부
광풍각에서 자연을 바라보면 자연은 더욱 풍부해지는 창조적 상황이 설정되며, 구분의 경계는 사라지고 맑은 기운으로 모든 것이 소통한다.

15 담양 소쇄원

존재와 관계
중중무진重重無盡의 인드라망

봉 정 사
영 산 암

우화루에서 대웅전을 바라보면 공간은 전후좌우와
사선의 겹겹으로 연장되고 분리되어 물결처럼
흐르는 동시에 서로를 투영한다.

영산암 마당
진입동선인 직교와 사선 축으로 연장하고 분리하는 회통의 공간.

봉정사(鳳停寺) 가는 길, 해탈(解脫)하여 서 있는 소나무 숲을 지나면 백여 그루의 자작나무와 검은 잣나무들이, 하늘을 덮은 망사와 같이 공중으로 손을 벌렸으며 아무 것도 구하지 않은 채 중력의 법칙과는 관계없는 듯 밖으로 가지를 뻗으며 위로만 자란다. 만세루 아래 수평의 석단들은 가파르게 높으나 아늑하고, 빈 언덕 입구의 '공(O)'의 형상을 한 와송(瓦松)은 허허(虛虛)하나 차 있고 누웠으나 청정(淸淨)하다. 태어나서 죽을 때까지 한 자리에서 그 기능과 삶을 다하는 나무는, 모든 조건이 구속적이나 오히려 무한의 자유를 느끼게 한다.

봉정사와는 멀리 떨어진 계곡을 건너 돌계단으로 만들어진 오솔길을 오르면, 원래의 영산암(靈山庵)은 권위를 갖춘 형체의 종교적 의례 공간이 아니라 수행납자의 모습으로 세상을 등지고 홀로 고적하게 있었음을 알 수 있다. 로댕이 "자신은 대리석을 조각하지만 건축은 하늘을 조각한다" 하였듯, 영산암은 분리와 통합이 자유로운 관계적 맥락으로 우주를 이룬다. 그곳에서 바라본 영산암은 예불과 수도적 삶이 통합된, 함부로 말할 수 없는 위엄과 낯선 새로움을 갖춘 영적 성찰(省察)의 장소이다. 겉으로 보면 폐쇄적이며 세상과 단절한 듯 닫혀져 속내를 보이지 않으나, 내부로 진입하면 존재 내의 존재처럼 고유의 아름다움을 담고 새로운 세계를 조망케 한다.

이곳은 '다양성과 통일성을 모두 유지하기를 원하며 전자에 의해서 후자를 설명한다'고 하는 불교적 중도(中道)의 시점을 인간 중심의 다각적인 능동적 지각과 객관적 진리의 관계성으로 함축한다. 마치 인간의 시각은 다양하게 보는 것 같지만 실제 어느 한 중심을 보는 시점으로 주변을 파악하고, 동시에 한 순간도 멈추지 않고 수시로 다른 것을 보는 것처럼 존재는 분할된 개체로 있을 수 없다. 관계(關係)는 존재하는 모든 것들의 속성이자 전체이며 진리의 속성이기에, 삶과 경험에 결부되는 미적 가치의 교호(交互)성 또한 관계성의 소산으로 형이상학적 깨달음의 진리만이 아닌 실제성을 가진다.

영산암의 입구
막음과 열림이 무화(無化)되어 서로를 주고 받는다.

응진전 진입로
치우쳐 있으나 중심에 있는 것보다 더 넓은
중심에 있다. 사선 방향으로만 시선을 가게 하여
반대편으로도 시선이 열려 있는 것처럼 느끼게
하기 때문이다.

겹 쳐 진 분 할 로 흐 르 는
생 동 하 는 전 체

내부 영역의 위엄과 낯설게 흐르는 새로움은, 세 영역으로 나눈 수평과 수직적 계단의 분할로 시각적 다각화를 유발하며 한꺼번에 조망되며 파악될 수 없도록 한 공간 구성에서 비롯된다. 'ㅁ'자 형태로 단순한 마당의 우측 측면으로 누하진입하는 주 진입로는 오른편은 승방채로 길게 막혔으나, 왼편의 사선 방향으로는 작은 삼성각과 먼 뒷산으로 넓혀서 깊어지는 건축 전개로 배례자의 시선을 자연히 왼편으로만 보게 하여 심리적으로 좁은 마당을 넓고 깊게 만든다. 그리하여 주법당 계단에 오르면 승방채는 흔적도 없이 사라지고, 응진전은 치우쳐 있으나 중심에 있는 것보다 더 넓은 중심에 있다. 그것은 예불보다는 수도적 삶이 더 중요했기에 좁은 대지에 많은 건물을 배치하고 법당조차 없어 보이기 위한 방법을 쓴 것으로, 이중삼중으로 분할하여 겹치고 투영하여 공간을 확장한다. 이와 함께 측면 진입은 송암당 주지실을 3개의 돌을 하나처럼 조합한 괴석과 소나무로 막아 아늑하게 하고, 건너편 승방채를 나무로 가려서 멀리 있게 한다.

　　옆쪽에 있는 진입로 역시 마당을 둘로 나누지 않고 송암당의 한 마당으로 차입하고 승방채에서도 똑같이 소나무는 맞은편 건물을 막아 승방채만의 마당으로 느껴지게 한다. 삼성각과 어긋나 있는 노전채도 같은 원리로 이어지고 통하게 한다. 그것은 예불 공간인 동시에 수도자적 삶의 공간으로서 개체 공간의 역할과 복합적 마당 역할을 동시에 하기 위해 전후좌우와 사선의 겹겹으로 공간을 연장시키고 분리시켜, 직교와 사선 축으로 정교하게 엮은 무궁무진한 총체적 그물과 같고, 끊어질 듯 이어지며 돌아가는 누마루와는 한 몸으로 통합시켜 연결하며, 생동하는 전체의 외부공간은 아무런 구분도 없는 듯 허(虛)의 물결처럼 흐르는 동시에 서로 투영하는 투명한 구슬 그물의 인드라망과 같다.

　　또한 대웅전에서 볼 때 열려 있는 우화루와 송암당의 누마루는 해체하여 얻은 무(無)와 공(空)이 아닌, 응집으로 얻은 객체의 무화(無化)로 중중무진(重重無盡)하여 서로 빛을 주고받는다. 그것은 마당과 건축이 겹쳐짐과 분할로 부드럽고

유연한 통합을 이룬 원융(圓融)의 회통이다. 바위 위의 소나무는 여러 방향에서
막힌 건물을 없는 듯 틔우고, 틔우는 듯 막아서 공간감과 원근감을 조절한다.
밀도가 있으면서 답답하지 않고 부동의 위치에서 구속하나 자재하여
무한의 자유까지 느끼게 하며, 방문을 열면 자연 속의 온 세계와 함께 법열
가득한 법계(法界)가 되게 한다. 마치 '생명은 자신의 전체를 단번에 모두 소유할
수는 없지만 모든 자신의 상태들의 연속의 전후와 더불어 생명의 전체에
도달한다'는 생명의 원리처럼 공간 체계의 모든 부분은 서로 등가적이기에
전체를 포함한다.

철학을 초월한
회통會通의 공간

생명의 원리처럼 공간의 생성을 스스로 감지하여 흐르는 듯한 석축의 단(壇)으로
얻은 연속되는 구획은 모든 분할을 시시각각으로 주된 영역과 부영역으로
위치를 옮기며 역동적인 평형을 이루게 한다. 공간을 인지하는 주체에
제한되게 만들지 않고 지각 과정 그 자체 내에서 분열되고 재조합시키는
다시점의 개별성은 관계의 조화로운 응집이며, 전체의 시점과 융합하여 돌며
흐른다. 영국의 현대 관념주의 철학자 브래들리(Francis Herbert Bradley)는 "인간의 지식은 분리된
사실들로부터 만들어질 수 없다"며 실제의 계속성에 대한 관념주의의 신념을
드러냈고, 무근거한 다원주의(多元主義)의 연쇄항들에 대해 통합으로 갈 수 없다는
회의를 나타냈다고 한다.
　　최초의 현대 화가라고 평가받는 폴 세잔(Paul Cézanne)은 사물성에 천착하여 망막적인
빛의 현상 표현에 치중한 인상주의를 극복하고, 인상과 물성을 동시에 느끼게
하기 위해 다중적 시각과 본래 물성을 표현한 듯한 색상을 찾아 현상적 형태와
색에서 벗어나려 하였다. 그러나 '한곳으로 정향된 중심적 시각'의 관념을
무너뜨린 위대성에도 불구하고 그의 그림은 자연스럽거나 편안하지 않고
다중적 시점으로 인해 일견 혼란스러워 보이기까지 한다. 다시점과 개체에
대한 자유는 부분적 성취를 이룰 뿐, 전체적 조망을 향한 통합적 체험을

송암당
바위와 소나무로 막아서 아늑한 동시에 열려 있는
송암당의 툇마루.

대웅전 마당
소나무와 석축으로 분할하였으니 시각적 다각화를
유발하여 한꺼번에 조망되나 파악할 수는 없다.

거부하기 쉬워 다원주의에 관한 회의를 느끼게도 한다.

　　불교의 영향을 많이 받았던 엘리엇(Thomas Stearns Eliot)은 "의식 속에 결집되는 것은 무엇이건 동등하게 존재하며, 관계 속에서만 실재이거나 비실재이다. 모든 대상들은 그 자체 내에서 발견될 수 있는 어떤 특징에 의해서 내재적이거나 초월적인 것이 아니라 동등하게 내재적이고 동등하게 초월적이다"라며 부분적 시점들에 의미를 부여하며 총체적인 진리에 다가서고자 하였다. 마치 대주 선사가 해탈을 얻은 것에 대해 "본래부터 저절로 묶은 게 없었으니 풀고자 할 일이 없으며, 그대로 사용하고 행하며 일에 견줄 바가 없게 한다" 하였듯, 영산암은 법당마저 치우쳐 있어 그 어떤 중심으로 향한 공간적 지시도 거부하며 전체를 지각한다. 다중적 조망은 개별적 대상들을 더욱 용이한 인식으로 이끄는 한편 조화를 파괴하지 않고 생기 있는 통합을 얻어낸다. 이러한 다의성은 어느 정도의 상충적 저항과 흡입력을 가지며, 연속적 구별은 분화하면서도 끊임없는 변화로 특정 영역에 속하지 않는 자연스러운 원융으로 서로를 자기 것으로 만든다. 마치 디지털과 같이 무제한 합성 가능하며 명확하면서도 포괄적인 조합으로 혼합체를 이룬다.

　　장자는 "진실로 지각 있는 사람만이 동일성의 원리를 이해한다. 그들은 사물을 그들 자신이 주관적으로 이해한 것으로 보는 것이 아니라, 보여진 사물의 위치로 스스로를 옮겨 간다" 하였다. 이러한 동일성은 관계의 특성을 무시하는 전체주의나 추상적 관념 작용에 그치지 않고 관계와 통일을 동일하게 구현한다.

　　시시각각으로 화면은 분할되나 눈치챌 수 없을 정도로 자연스럽게 흐르는 영산암의 시각적 장치들은, 실제 우주가 중심의 시점 없이 모든 것이 동시에 통합되고 응집되어 있듯, 특정 중심 없는 다중적 시점의 동양화와 같이 돌아다니며 흐르는 생명력의 움직임을 낳는다. 이러한 원융의 맥은 유연한 시공을 천지의 청징(清澄)함으로 확장하며, 허허로우나 차있는 회통(會通)의 아름다움을 체험케 한다. 상호관계적 진실성의 신령스러움을 무제한 산출하며 선(禪)으로 변전하는 이곳은 실로 철학을 초월한다. ◎

영산암 정면
세상과 닫혀 있어 홀로 고적한 영산암의 정면.

영산암 가는 길
본래부터 저절로 묶은 게 없어 스스로를 옮겨가게 하는 길.

주관과 도학

빛으로 나눈 빛의 회랑

창경궁 문정전과 숭문당 회랑

왕의 집무실이나 검박하여 사욕과 어둠은 없고,
바르고 선명한 덕의 모습을 하고 있는 문정전.

숭문당 회랑
그 무엇에도 얽매임 없이 탈가치적인 주관성으로 구획하여 신비한 합일의 체험을 느끼게 하고, 산출적인 생명력을 감지케 한다.

창경궁의 문정전(文政殿)과 숭문당(崇文堂)은 학문을 숭상하고, 인의(仁義)의 도(道)를 몸소 행하여 치평(治平)하려 했던 조선시대 왕들이 정사를 펼치던 편전과 집무실이다. 정면 3칸, 측면 3칸과 4칸의 의외로 단출한 문정전과 숭문당의 크기는 이곳이 과연 한 나라를 통치하던 군왕의 방이었을까 믿어지지 않는다.

휴식하고 때론 신하나 태학생을 접견하고 주연을 베풀어 격려하기도 했으며 거의 날마다 경연을 열었던 장소였다. 그 국정의 중심 장소가 이토록 담대한 것은 임란 이후 어려웠던 시기에 복원된 궁이기 때문만은 아니다. 경복궁의 천추전과 창덕궁의 선정전 등의 편전 역시 크게 다르지 않다.

문정전은 비록 1986년 중건한 건물이지만 경복궁과 창덕궁의 편전과 비교해 볼 때 그 크기나 형식은 비슷하여 사방이 창으로 막힘이 없고, 내부로 들어오는 빛은 처마와 창살의 한지로 두 번 걸러져 빛은 가득하나 명료한 흔적만이 남고 그림자조차 없다. 그 빛이 없어 한정 없는 공간적 명료함과 검박함은 천지만물 억조창생(億兆蒼生)과 하나 되어 무한하고 영원할 것 같은 신비한 생명의 기운을 느끼게 한다. 사욕과 어둠은 없고 자율적이며, 빛은 덕(德)으로 선명(宣明)하여 천하를 바르게 하려 했던 왕의 집무실이라면 이처럼 아무 것도 담지 않는 빛의 흔적만으로 이룩한 '형식 없는 형식'의 방이 제격인 것이다.

실제 조선이 이룩하려 했던 성리학적 이상의 군주들은 패왕적 군주 체계가 아니었다. 세자 시절의 바른 교육적 체계와 더불어 왕을 제어하게 하는 제도적 체계를 동시에 갖추고 있었다. 신하와 단둘이 독대를 할 수 없으며 왕의 모든 정치행위는 사관에 의해 기록되어 열람조차 할 수 없고, 또한 신하의 상소는 고금의 역사와 인물을 대비하여 논하고 분별하여 친필로 그 당부(當否)를 처리해야 했다. 또한 신하에게 가르침을 베풀어 도의(道義)를 강명(講明)하는 스승으로서의 군왕이 되어야 했고, 천리의 올바름을 극진히 하는 도(道)를 행하는 자 그것이 왕도이였다.

문정전
사방이 창으로 막힘이 없지만 내부로 들어오는 빛은 처마와 창살의 한지로 걸러져 빛은 가득하나 명료한 흔적만 남고 그림자조차 없는 공간이다.

문정전 내부
〈일월오악도〉를 배경으로 있는 용상의 원리는 천리(天理)의 올바름을 극진히 하는 도(道)를 행하는 자리이다.

숭문당 외부
숭문당은 익공계 양식의 팔작지붕에 서까래만을 설치하고 부연을 달지 않은 간결한 홑처마 형식이다.

숭문당 내부
한지로 거른 아무것도 담지 않는 빛의 명료한 흔적만으로 이룩한 형식 없는 형식으로 선명하게 하는 군왕의 집무실.

스스로 깨닫는 자의
주관

객관적이고 합리적인 이성적 사유가 한계에 도달했다고 본 니체는 자기 자신의 내부로 지식 비판의 눈을 돌려 주관적 사유에 관심을 두었다. 어떤 말도 필요 없고 언어도 초월해 있으며 반합리적 기준의 주관적 직관인 모든 이미지에 승차하여 모든 진리로 나아가려 했다. 이것은 데카르트 이후 인식론으로 경직된 철학에 문화적 힘을 불어 넣었으며, 주관적이며 감각적인 예술적 역할을 더욱 필요로 하기에 이른다. 신이나 진리 등이 탈가치화되어 다양한 형태로 해체되는 것을 의미하여 예술에 의해서만 말해질 수 있는 주관화의 경향으로 합리화와 경험적 객관성을 뛰어 넘으려 하였다.

절대적 정신주의의 인식에서 벗어나 주관적 경향을 가장 고급스럽고 정확히 전달하기 위한 수단으로 언어와 이미지마저 초월한 예술만이 적합한 소통수단이었다. 그러나 사회적 질서의 건립과 동시에 미학을 성립시키는 개념이 그와 분리되지 않는 윤리적 요청으로 인해, 철학의 문화적 힘이 동시적으로 작용하였던 동양은 서로 상반되는 듯한 정치적 제도와 미적 개념을 함축하고 있는 문(文)이 서로 합일하는 자연스러운 토대를 이루고 있었다.

예술이 학문적 의미를 가지는 미학(美學)이 된 것이 서양에서는 18세기 이후 최근의 일이었지만, 초기 국가 단계에서 동시에 출현한 공자, 맹자, 순자의 제자백가(諸子百家) 사상이 시류를 초월하여 지금도 그 힘을 유지하고 있는 동양의 사상은 인식론적 철학만이 아닌 감성론적인 문화를 함께 가지고 있었다. 문화와 철학과 사회적 제도가 함께 있었던 인문학적인 시대였기 때문이다. 이것은 다양한 관점들로 묶여진 개인들이 도덕을 바탕으로 하는 공동체적 지평을 갖기 위한 사회적 요구와 동시에 주관적 지평의 획득을 핵심으로 하는 성리학적 특징으로 인해 가능하였다.

인간이 태어나면서 갖추고 있는 주관적인 것의 가장 핵심적인 모습인 밝은 덕성(明德)은 유학적 경지에서는 생득(生得)적 측면이자 스스로 깨달음으로서만 얻어질 수 있는 자득지학(自得之學)의 길이다. 이것은 진정한 자유로 점철되는 주관의 명덕(明德)과 다름이 없다.

정자는 "배움이란 자기 자신 안에서 구하는 것이며(自救得之) 그것이 학문을 하는 가장 세련되며 치밀한 방법"이라고 말하고 있다. 주희 이후 도학의 지도자였던 송대의 신유학자 중 한 명인 진덕수(眞德秀) 역시 "나의 학문에는 다른 사람들한테서 배운 것들이 많이 들어 있다. 하지만 내가 제기한 하늘의 참된 이치라는 말, 곧 '천리(天理)'라는 두 글자만은 나 자신의 체험에서 스스로 깨달은 것이다"하여 깨달음에 관한 주체성에 큰 의의를 두었다. 천리는 곧 스스로 자득하게 되는 순선(純善)한 마음을 그 바탕으로 하는 것으로 이것을 단지 이상일 뿐이라 여기지 않고 마음의 자율성에 관한한 본래의 모습을 바로 보는 것이었다.

왕양명(王陽明)은 "대인(大人)은 천지만물을 자신의 몸과 하나인 것으로 본다. 대인의 학문은 사사로운 욕망과 이기심의 맹목성과 어둠을 결연히 제거해 버리고, 사람이 본래부터 갖추고 있는 밝은 덕(明德)을 밝혀 천지만물과 한 몸이었던 본래의 모습을 회복하기 위한 것이다"라고 말하며 궁극적 주관성을 주장한다.

공민왕의 〈전 공민왕필 염제신상〉
평면으로만 처리하였으나 인물이 은은한 듯
강하게 대비되고 아무 표정 없으나 살아 있는 듯
고매한 인품을 드러내는 개혁 군주의 그림.

표상적 사유로는 인지할 수 없는
도학 道學

이러한 사회 구조 속에서는 군주 교육 역시 도덕적 훈도(訓導)와 학문적 토론인 강학(講學) 속에서 이루어졌다. 주희(朱熹)는 "천하의 모든 일들이 황제 폐하 한 분에 뿌리를 두고 있으며 황제 폐하 한 분의 몸을 다스리심은 바로 폐하의 마음에 뿌리를 두고 있습니다. 만일 군주의 마음이 올바르다면 천하의 모든 일들이 올바르게 돌아갈 것 입니다"라 하여 황제의 학문적 자질을 그 기본으로 삼았다.

동아시아에서도 "황제가 경서에 대한 강의를 듣는 자리인 경연은 특히 조선 왕조 때 중요한 제도로 자리 잡고 철저하게 시행되었다"라고 미국 신유학의 권위자인 드 베리는 말한다. 해가 뜰 무렵 경연을 시사했던 것에서 짐작할 수 있듯 그는 "문(文)이라는 말은 예술적 취미 이상의 의미를 담고 있으며, 문화의 가장 높은 가치이자 도(道)와 하늘의 의지를 구현하는 인류 문명을 가리킨다. 공자가 자신의 사명을 사문(斯文)이라 말하였듯이 문은 곧 유교적 엘리트의 가장 높은 이상을 상징하는 말이 되었다"라고 밝힌다.

이 숭문당 앞의 명덕을 밝히는 회랑의 역할은 스스로 깨닫는 자득(自得)의 본질적 역할을 수행한다. 질서 정연하고 끝없는 기둥의 구획은 마치 바다은 빛들로 구획한 것 같고, 기둥에 비친 그림자조차 빛으로 화(化)하여 아무 것도 나눈 것이 없다. 또한 그 빛에 전혀 얽매임이 없는 빛의 회랑은 사회와 도덕을 떠나 생각할 수 없는 유학임에도 탈사회적, 탈가치적인 주관성으로 작용하는 유교 철학의 극미를 보여 주는 듯하다.

선의도 도덕도 의지도 엄밀한 의미에서 진정한 예술을 만드는 요인이 되는 것은 아니다. 천지의 자득에 있어 도덕은 어쩌면 가치의 표상에 머무르는 방법론에 불과하다. 그러기에 순연한 주관으로 향한 시선의 중요성은 형이상학적이라기보다는 미학적인 도학이나 심학으로 드러나며 가치 지향적인 표상적 사유로는 인지할 수 없는 면을 가진다. 이것이 유학이 가진 또 다른 심원한 측면이다.

허구에 의한
허구의 창조

예술을 통해서 설명될 수 있는 심미적 표현인 도(道)가 사회적 가치로 구가된다는 사실은 일견 상호 연계되어 보이지 않으나, 외부와 분리되는 주관이 아닌, 오히려 스스로 이루어지며 일정하게 연관되는 구획의 아름다움으로 자연의 전체 조직을 통과하며 구획하는 근원적 능력을 담고 있다. 이러한 회랑 내의 신비한 합일의 체험은 지속적으로 그것이 연계되며 열려 있음으로 인해 자기 자신과 재차 연관되며, 산출적인 생명력을 감지케 한다.

　공간을 품는 빛의 영상은 인간의 무한하고 영원한 것에 대한 파악으로 이어진다. 이것은 영혼 속에 각인되는 영원한 생성의 흐름이자 빛으로 화하며 허구에 의한 허구의 창조를 이룬다. 일체의 대상성을 주관의 생산적 기능으로 극대화하여 대상과 존재가 혼재하고 실제가 자기로 현현되어진다. 그럼으로 모든 것은 고정되지 않아 가장 혼미하며, 가장 명백하며 가장 단순해진다. 고요한 광휘, 고요한 정지, 밝음으로 서로 침투하고 합쳐지는 통일성 안으로의 통일, 매개와 결합과 공간인 명(明)의 회랑은 적(寂)으로 화하여 빛으로 사라지고 발소리조차 내지 않는다. 마치 판소리나 전통의 춤 등이 호흡을 내쉬기보다는 숨을 내면으로 침잠시켜 치솟고 뻗어 나가며 휘감고 굽이치듯, 생명력의 모든 소리와 동작들은 끊어지지 않는 영원의 한 동작으로 이어지며, 모든 동작이 되나 한 동작도 아니 된다.

　이것은 모든 진리를 향한 우주적 요소이다. 명의 형태는 스스로 자신에게 부과하는 본질과 함께 존속하며 심미적 깨달음의 공간인 자득과 이로 인한 자재(自在)로 이어진다. 조화를 묵묵히 감득(感得)하는 학문의 예술적 외경마저 느끼게 하는 이곳에서 보이지 않는 빛과 소리 그리고 발자취를 소재로 한 비가시적 예술의 본명(本明)을 바라본다. ◎

창경궁 명정전 회랑
밝은 공간을 품는 그림자의 회랑은 대상과 존재가
혼재하고 조화를 묵묵히 감득하여 가장 명백하며
가장 단순해진다.

상징과 실체

염화미소의 공간

통도사
대웅전

통도사 대웅전의 건축은 인간의 힘으로 이룩한
불성의 실현이며, 영산회상의 부처님을 현존하게
하는 승화된 공간으로 종교 건축이 이룩한
희열이다.

불이문 내부
넓고 높은 적묵의 건축틀을 통하여 대웅전 너머 파노라마처럼 펼쳐져 있는 영축산을
바라보게 하여 건축적 세계와 함께 영축산의 영역으로 편입된 영산회상의 세계가
된다.

부처님께서 설법을 하시다 문득 연꽃 한 송이를 들어 아무 말 없이 대중에게
보이시니 가섭존자만이 미소 지었다. 그때 "여래에게 정법안장의 열반묘심이
있으니 이를 마하가섭에 전하노라" 하였으며, "미래세에 3백만 억의 모든
부처님께 봉사하고 찬탄하고 최후신에 부처가 될 것"이라 수기하셨으니
이것이 삼처전심의 하나인 염화미소의 장면이다. 그날 영산으로 갔던 많은
사람들은 꽃비를 맞았을 터이지만, 흩날리는 겨울비를 꽃비인 듯 맞으며
산문을 들어섰으나 법화경의 감동적인 염화시중의 미소를 재현하고 있는
수미단 뒤의 창문은 닫혀 있었다.

통도사 일주문 길
산문의 길이라기보다 숲속의 휘어진 길로서
산중으로 들어가는 듯하다.

용화전 앞의 봉발탑
가섭존자께서 발우를 들고 서 계시는 봉발탑은
모든 사람들이 부처가 되는 용화세계의 실현까지
대웅전에서 염화법문을 깨달은 자들을 증명하고,
법을 통하여 중생을 제도하기 바라는 마음의
표현이다.

233

불교의 종가,
나라의 큰 절 佛之宗家 國之大刹.

영축산 통도사는 선덕여왕 15년 왕명을 받은 자장율사가 신라를 불국토로
실현시키기를 염원하여 세운 사찰로, 여왕으로서 불안한 정치적 입지를
강화하기 위해 민중 세력의 효과적 규합을 위한 방편의 하나로 일찍이 이
땅의 건축사에는 없던 동양 최대 높이의 황룡사 9층 목탑과 함께 건립하였다.
그와 함께 당나라 오대산에서 문수보살로부터 받았다는 불골, 불아, 불사리
그리고 금란가사를 금강계단에 봉안하였다. 이로써 동쪽 끝, 당시로서는
변방인 신라 땅에 모셔진 진신 사리는 그 자체만으로 부처님으로 존숭받기에
충분했다. 산 이름을 영축산으로 바꾼 것에서도 영산회상의 불국토로
여겨졌음을 알 수 있다.

　그러나 일주문 주련의 불지종가이자 나라의 큰절이라는 자긍의 심의는
부처님의 사리와 가사를 모셨다는 이유만으로 실현될 수는 없다. '자장율사
역시 백 개의 사리를 세 곳에 나누어 불사'를 하였듯이 그러한 절은 이 땅은
물론 인도와 중국에서도 많이 찾을 수 있다. 통도사를 품고 있는 영축산은
'인도의 영축산과 모양이 닮은 것이 아니라 통하기 때문에 영축산'이다.

　창건 이래 끊임없이 신·개축이 이루어졌기에 정확히 알 수는 없지만,
현재의 대웅전을 설계한 선지식과 건축가는 진신 사리와 가사 봉안의 의미를
영축산과 통하는 절로 해석하였다. 인도의 영축산은 부처님이 살아 있던
역사상의 한순간인 영산회상이었으나, 통도사의 영축산은 오늘과 미래의
시간과 공간으로서 영산회상이며 모든 사람들에게 부처님을 친견할 수 있게
한 종교적 염원과 희구의 실현이다. 따라서 그것은 진과 선을 구현한 건축의
가치를 가질 뿐 아니라, 인도 땅에서 전래된 불교를 독자적으로 승화시켜
국제적 보편성을 획득한 한국 불교의 진보적 성취이기도 하다.

통도사 전경
통도사를 품고 있는 영축산은 인도의 영축산과
모양이 닮은 것이 아니라 통하기 때문에
영축산이다.

靈鷲山通度寺

영축산
통도사

대원군의 글씨로 유명한 '영축산(靈鷲山) 통도사(通度寺)' 편액이 걸린 일주문을 들어서면
경건하면서 아름다운 돌길이 나온다. 양옆으로 우람한 상록수들과 휘어 도는
모습은 절로 들어섰다기보다는 영산회상의 설법을 듣기 위해 영축산으로
들어선 것 같은 느낌을 자아낸다. 산길을 지나 천왕문을 들어서면 모든 건물이
끊어질 듯 이어지고 이어질 듯 끊어져 있다. 그러한 시각적 변화와 중첩의
효과는 부처님이 계시는 장중한 보궁으로 느껴지게 하는 동시에 빽빽하면서도
텅 비어 보이는 듯한 비유비무(非有非無)의 공간을 경험하게 한다.

  그 길의 끝인 불이문을 통해 대웅전까지 바라다 보이는 심상치 않은
경관은, 연결과 분절을 통해 장중한 시각적 깊이와 기대감을 더해 준다.
천왕문을 들어선 이들을 자신도 모르게 공간적 흐름에 젖어들게 한다. 그러나
그곳에서 보이는 가장 중요한 경관은 건축적 경관이 아니라 불이문 지붕
위로 뚜렷하게 보이는 영축산이다. 천왕문을 들어서기 전부터 바라보이는
영축산은 영산회상의 시간과 공간으로 초대하며, 불이문을 통과하는 순간
천왕문은 영축산으로 치환된다. 통도사가 남북 축으로 탑과 금당을 배치한
신라시대의 일반적 형태와 달리 동서를 주축으로 건물을 배치한 이유는
입지적 문제보다는 영축산을 보기 위함이었다.

  일반적 형태의 불이문과는 달리 유난히 높고 넓은 문을 통해 불이(不二)의
세계로 들어서면 호랑이와 흰 코끼리가 지붕을 높이 들어 올리는데, 벽이
없는 수평의 긴 좌우 공간은 자연을 담는 적묵(寂默)의 건축적 프레임이 된다.
그곳에서부터 건물들은 연이어 대웅전으로 향하고, 그 너머로 영축산이
파노라마처럼 펼쳐진다. 불이문을 통해 부처님의 세계로 진입한 그곳은
건축적 세계가 아니라 영축산의 영역으로 천지의 의기(義氣)를 담은 수미산의
세계이다.

통도사 일주문
'불교의 종자이자 나라의 큰절'이란 뜻의
'불지종가(佛之宗家) 국지대찰(國之大刹)' 현판이
걸려 있다.

천왕문에서 불이문을 통해 본 대웅전
점진적이며 장중한 시각적 깊이를 더해주는
경관으로 불이문 지붕 위로 영축산이 뚜렷하게
보인다.

대웅전 내부

통도사의 대웅전에는 금강계단에 진신 사리가 모셔져 있어 불상은 없고 창문을 열면 연꽃 한 송이를 들고 염화법문을 묻는 공(空)의 부처가 지금도 중생을 기다린다.

대웅전 내부 창문

대웅전의 불단 뒤 창을 통해 보이는 모습은 푸른 숲을 배경으로 연꽃 한 송이를 들고 있는 듯 느껴지는 석가세존을 친견하게 된다.

염화미소의
실현

흔히들 통도사의 대웅전에는 금강계단에 진신 사리가 모셔져 있기에 불상이 없다고 한다. 그러나 법의 상징인 석등 위로 부처님이 좌정하고 있다. 600년대에 지어지고 18세기 초에 중건된 대웅전은 지·수·화·풍 사대 요소로(地水火風) 상징되는 네 개의 마당이 하나 되어 '만(卍)'자형 영역을 구성한다. 시간과 공간이 한 점에서 만나 비고정적이며 동시적으로 운동하는 '만(卍)'자와 같이 천중(天中)의 공간으로 부처님이 계신 전각을 구현하였다. 법당의 내부에는 열려 있는 창을 통해 보이는 푸른 숲을 배경으로 갓 피어 오르는 듯한 연꽃 한 송이만이 부처님께서 오른손으로 들고 계신 것처럼 있다. 이는 사리탑을 강조한 불신(佛身)의 재현이 아닌 진신 사리의 상징성을 사용하여 실제의 부처를 친견할 수 있도록 사리와 가사를 봉안한 건축적 해석이었으며, 금강계단 주련의 한시에서도 엿볼 수 있다.

> 쌍림에서 열반에 드신 지 몇 해인가 묻노니 示跡雙林問幾秋
> 문수보살 보배를 모시고 때와 사람을 기다리네 文殊留寶待時求
> 부처님 전신 사리 지금도 있으니 全身舍利今猶在
> 많은 중생들 예 올리기를 쉬지 않네 潛使群生禮不休

부처님께서 지금도 현존하시고 사람들이 예(禮) 올리기를 쉬지 않을 것이라는 염원에서도 알 수 있듯, 대웅전의 건축적 희구는 불신의 실현이었다. 불상이 아닌 법을 상징하는 석등 위에 일지(一指)가 연꽃 한 송이를 들고 있어 공화(空華)로서 법신(法身)과 화신(化身)을 이룩하였으며, '전신 사리'는 세세토록 계신 미래불의 보신(報身)으로 삼신(三身)을 실현하였다.

그리하여 영축산 숲을 배경으로 삼세에 걸쳐 비어 있는 모습으로 선좌(禪坐)하여 '그대는 염화묘심(拈華妙心)의 이치를 아는가' 하고 법문을 하시는 석가여래를 친견하게 한다. 건축으로 부처님을 살아 있듯 느끼게 하여 건축의 실체는 공간적 덩어리 체(體)가 아니라 인간의 경험 그 자체가 된다. 그리고 그 경험은 공간적 대상의 경험이 아닌 시공간적 인식과 체험이 되어 시간을 넘는 견고한 미적 장치가 되었다.

김명국이 비어 있는 듯한 달마의 얼굴로 내면의 선심(禪心)까지 표현하여, 단순한 그림이 아닌 무(無)의 일획으로 실제보다 사실적인 달마를 표현한 것과 같다. 마치 미국의 시인 에즈라 파운드(Ezra Loomis Pound)가 추상적이고 이성적인 언어로는 사물의 실재를 파악할 수 없다며, 이미지적 언어로 사물의 실재상을 정확히 제시하려 하였던 이미지즘(Imagism)과도 유사하다. 그러나 정적 이미지만이 아니라 실제 연꽃을 통해 경건하면서도 환희에 찬 동적 이미지와 삼세의 시간적 이미지까지도 실현하고 있다.

진신 사리의 상징성과 연꽃의 조각 그리고 창문을 통하는 건축적 장치와 자연의 숲만으로 부처님을 실현하고 있으니, 대웅전의 건축은 곧 인간의 힘으로 이룩한 불성의 실현이며, 영산회상의 부처님을 현존하게 한다. 그것은 태연하나 높이 승화된 공간으로 종교 건축이 이룩한 희열이다. ◎

김명국의 〈달마도〉
달마의 얼굴을 담묵으로 비어 있듯 그려내
내면의 선심(禪心)까지 표현하며, 단순한 일획이
아닌 무(無)를 이룩한 일획으로 실제의 달마보다
사실적인 달마선사를 만나게 한다.

금강계단에서 보는 대웅전
사방의 석등 위로 연꽃이 피어 있는 금강계단은
부처님의 진신 사리의 상징인 사리탑보다는
사리의 상징성만을 사용하여 법의 상징인 석등
위의 연꽃으로 영산회상의 부처님을 친견하게
하였다.

◉ 양동마을 심수정

심수정의 삼관헌은 각각의 다른 세 개의 전경을 가지며 창 밖의 무한으로 연결된다.

자율과 생명

허盧에 잠겨 투명한 집

양동마을
심수정

물과 같이 투명하게 모든 방이 하나로 통일되고
자연처럼 생생하게 각각 분탈(分奪)되어 생명의
순환 과정처럼 물 흐르듯 흐르는 투명한 심수정
내부 공간.

심수정 내부
'ㄱ'자로 꺾인 빈 대청마루로 인해 전체가 투명한 구조로 연장된다.

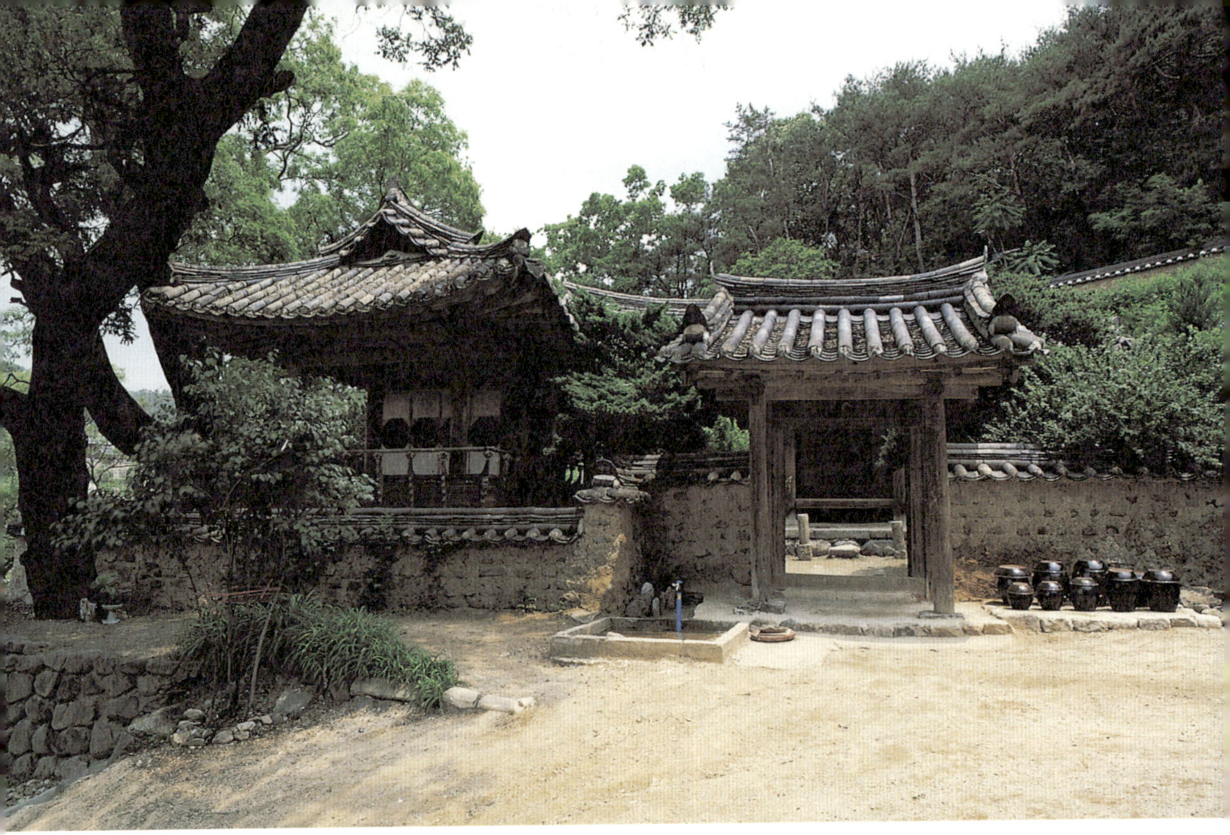

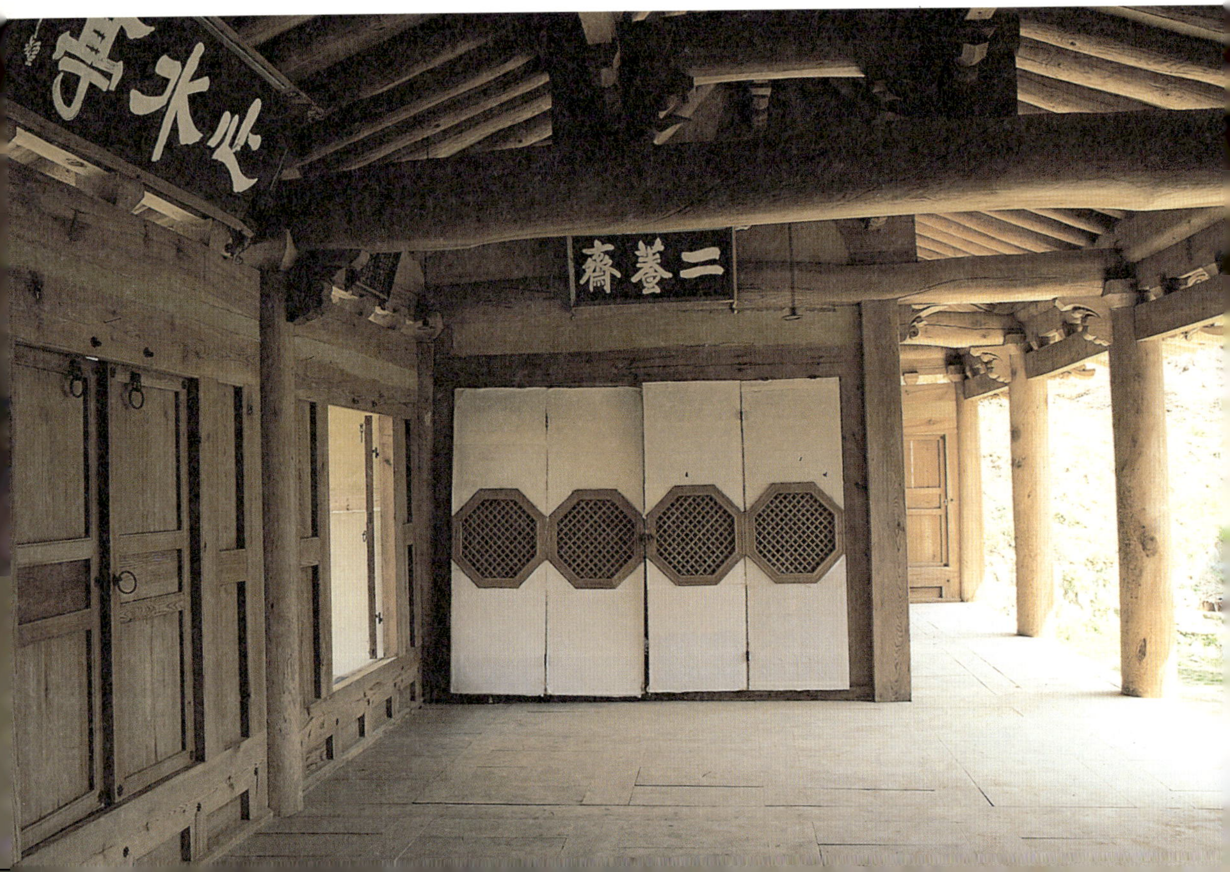
心水亭
二養齋

안강 평야의 동쪽, 나지막한 성주산 기슭에 양동마을이 자리 잡고 있다. 의연하다 못해 초탈한 듯한 한옥들로 인하여 조선의 심성이 고요하게 다가오는 곳이다. 움직이는 하늘과 한결같이 고요한 땅의 중간에서 만물을 생성하는 이 땅의 태허(太虛)와 같이, 은근하고 장중한 생명력이 온 마을에 잔잔히 퍼져 있다. 사각형 평면의 대범함으로 충만함을 실현한 관가정(觀稼亭), 이중적 사각의 구성으로 내외부의 구분이 사라진 신비와 파격의 향단, 절제와 무장식으로 이룩된 간명한 선비의 집인 서백당(書百堂)과 곧아서 바르며 담담하여 무구한 집인 무첨당(無忝堂) 등 드러내지 않으면서도 저마다의 공간적 형식들로 감화시키지 않는 집이 없다.

　　천리(天理)를 존중하는 순리로써 인간의 삶을 극대화하고자 한 조선의 성리학자들은, 집이 육체를 건강하게 하는 기(氣)를 생하게 할 뿐 아니라 정신적 공간이기를 꿈꾸었다. 수려한 산수가 있는 곳이 아니라, 평범한 산과 네 그루의 회화 나무를 배경으로 마을이 환히 보이는 곳에 위치한 'ㄱ'자 형태의 심수정(心水亭)은 1560년 세워 화재로 소실되었으나 1917년 중건되었다. 자연과 더불어 한담을 즐기는 곳이자 이씨 문중회의장 기능을 한 정자는 트인 'ㅁ'자 형태의 마당과 더불어 기존의 고목과 합한 형태로 있다. 이와 함께 산비탈 경사진 좁은 땅을 담장으로 꺾어 작게 가두니 오히려 전망을 포근하면서도 변화롭게 하고, 대지에 근접한 산을 자연스럽게 흐르게 한다.

　　고요한 대청마루에 수북이 쌓인 먼지를 쓸고 앉으니, 새벽부터 가늘게 내리고 있는 비는 색조 없는 건물 내부로 먼지같이 작게 흩어지고 있다. 심수정의 지붕과 마당, 그리고 처마 밑 기둥들이 생생하게 살아난다. 누마루의 이름인 함허루(含虛樓)와 같이 허함에 흠뻑 잠겨 있는, 그 투명한 허의 모습은 의심할 나위 없는 하나의 아름다운 생명체이다.

심수정 외관
평범한 형태로 고목과 담장과 건축이 스스로 그러한 듯이 편안하다.

심수정 내부
은근함과 부드러움이 빛과 함께 함몰되어 태연한 아름다움을 구현한다.

무형無形은
생명의 원리

겉으로 드러난 생명체의 모습은 비록 가시적으로 개별화된 존재만이 실제로 인식된다 하더라도, 생명은 세포의 융합과 분리처럼 전체와 개체 간에 경계가 없다. 마치 물처럼 유동하며 비어 있으면서도 차있는 동시적 속성처럼, 모든 생명체는 서로 통하기도 하고 갈라지기도 하는 생생함의 원리를 가지는 탈경계적 관계로 생존하고 공존함으로 '만물과 동조同調하고 우주와 공명共鳴'한다.

　노자는 "존재하기 위한 방법은 존재하지 않는 것이다" 하였다. 마치 "신이란 실체로 있는 것이 아니다"는 헤겔의 말과 같이, 생명체가 무형의 상태로 존재한다는 사실은 전체가 하나로 통함으로 인해 개별자로서의 존재됨을 부정한다. 따라서 창조적 근원점을 찾는 생명의 소급을 불가능하게 하는 회통의 형식을 가진다. 이와 달리, 존재를 설정하면 막막함에 대한 두려움을 달랠 수는 있으나 유형에 대한 고정된 관념을 갖게 되므로 한계를 가진다. 이와 같이 무형적 존재관은 무시무종無始無終의 시간관을 만들며 고정된 인식의 경계를 없애므로 한계 없는 생명의 상태를 인식하게 한다. 생명 자체의 작용을 '가치 있는 선善'으로 보았던 동양인에게 생명의 표현이란 곧 예술의 이상이었다. 그러나 생명의 표현이란 스스로 생명성을 이룩하지 않는 한 허구에 불과하다.

　비어 있는 무형의 진실로 실재하는 유형의 쉬지 않는 채움을 이루는 심수정은, 건축적 사물이 아닌 인간의 예술적 이상이 담긴 생명체와 같다. 그것은 심수정만의 독특한 방과 마루 등 전체의 구획이 다른 정자들과는 전혀 다르다는 사실을 비교함으로써 알 수 있다. 함허루와 삼관헌三觀軒이라는 대청마루 사이의 작은 사랑방이 없었다면, 대청마루와 이양재二養齋라는 큰 사랑방이 다르게 배치되었다면, 이곳은 평범한 한옥에 지나지 않았을 것이다. 심수정에는 개별적으로 분리된 방과 마루가 있을 뿐, 그들을 이어주는 것은 없어 보인다. 그러나 각각의 개별적 차이에도 불구하고 'ㄱ'자로 꺾여진 대청마루로 인해 전체가 벽이 없는 하나의 투명한 구조로 연장된다.

심수정의 각 공간들은 어떤 특정한 영역의 지배나 구속을 받지 않으며 담장보다 높은 누마루와 별개의 당호를 갖는 개별성으로 스스로 자신의 존재감을 배가시킨다. 이들을 결합시키는 것은 모두가 연결되고 열려 있는 구성 체계다. 무형이 유형을, 정신이 실재를 가능하게 하는 양상이다. 그 속에는 은근함과 부드러움이 빛과 함께 무화(無化)되어 존재한다. 하늘과 땅과 함몰한 빛으로만 이루어진 경계 없는 공간은 생명적 순환 과정으로서의 운동성을 공간 내에 부여한다. 어떤 저항도 없는 자율적 움직임이 일어나는 공간으로, 물과 같이 투명하고 자연처럼 생생하다. 인위적 기교가 느껴지지 않는 창덕궁 후원의 옥류천 수로와 같이 원래 적합한 자리를 차지한 듯하며 서로를 배려하며 교섭이 이루어지는 듯 평안이 감돈다.

신윤복의 〈미인도〉
절제된 선묘로 가늘고 은은하지만 명료하고, 심수정과 같이 섬세한 듯 투명하여 깊은 아름다움을 품지도 않으나 붓끝으로 여인을 전신(傳神)한다.

고려자기
화려함과 정숙함이 색과 함께 무화되어 있고 투명한 생명처럼 느껴지게 한다.

인조人造를 떠난
무반성적 세계

본연의 생명적 미를 설파했던 장자는 "대미大美는 장미壯美로서 주체가 무한함에 도달함으로 이루어진 결과이며, 심미적 유쾌와 더불어 경탄을 자아내게 한다" 하였다. 그것은 어떤 공포와 고통을 수반하는 숭고미나 종교적 신비로움의 창출이 아니다. 분방과 억누를 수 없는 기쁨으로 충화된 미美이자 인성을 긍정하는 미인 것이다. 그것이 바로 자율적이고 원만한 생명의 심성이라 생각하였다. 인간과 건축과 자연 사이의 구별이나 가치적 위계도 없이 건축과 모든 자연을 인위적인 배치 속에 받아들여지게 한다.

일반적인 중국의 건축은 '간단한 기본 구조와 대칭적 구조로 다채로운 전체를 이루게 하고, 다양한 변화 속에 통일된 풍모를 유지'하게 한다. 단순한 평면이나 누樓·대臺·정亭·각閣 사이를 소요자적逍遙自適하며 쾌적하고 편안하게 환경을 지배하는 느낌을 가지게 한다. 그러나 '가장 훌륭한 것은 형태가 없듯' 한국의 전통 건축은 인조人造를 떠나 스스로 비어 있는 체계를 이룩한 단일적 무형의 영역으로, 주변의 자연을 움직이고 변화하게 하는 인위적 장소의 자연화를 추구하였다. 인간의 본성을 이끌어 내고, 자신을 척도로 삼는 모든 주관주의로 하여금 반성할 필요도 느낄 수 없는 무반성적인 세계로 돌아가게 한다.

자연이든 인간이든 본연의 상태로 있는 생명에겐 반성할 것이 없다. 언제나 유遊하고 거居할 수 있는 삶의 공간으로서 생명의 흐름을 느끼며 본성에 따르는 자율적 희망을 일깨우는 심수정은 인간의 미망을 일깨우는 삶의 힘이 되며 진실한 아름다움에 눈뜨게 한다. 투명한 생명의 형태까지도 구현한 정미함과 태연한 아름다움 속에서 예술적 표현이란 인간 생의 확장이자 초월이며, 인공물인 건축이 우주 내에 하나의 생명으로 존재할 수 있음을 알게 된다. ◎

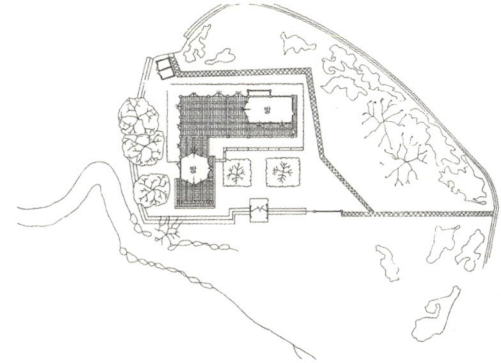

함허루의 작은 방
문이 열리면 방은 사라지고 함허루와 대청마루는 형태 없는 무형의 영역이 된다.

옥류천 수로
인조이나 인위적 기교가 느껴지지 않는 창덕궁 옥류천의 수로.

심수정 평면도
'ㄱ'자로 꺾여진 삼관헌의 대청마루로 인해 마루는 열려 있는 구성체 같고 사랑방의 문이 열리면 함허루까지 연결되어 전체는 벽이 없는 투명한 구조로 연장된다.

대칭과 비례

천조天助로 쌓은 건축 만다라

불국사
범영루

멀리서 보면, 불국사는 범영루가 중심이 되어
양옆으로 안양문의 계단과 자하문의 계단을
거느린 좌우 대칭의 형태가 된다. 가까이 접근하면
중앙에 계단이 있고 좌우에 누마루가 있는 또
다른 대칭의 형태가 된다. 서 있는 위치에 따라
항상 좌우 대칭의 엄격하고 신비로운, 상대적이나
절대적인 형태이다.

紫霞門

김시습은 〈불국사〉라는 시의 한 구절에서 "돌 다듬어 만든 계단 작은 연못
누르듯, 높고 낮은 누각들 연지에 아롱지네"라고 노래하였고, 1580년 경주를
여행한 이덕홍은 "다리는 돌로 깎아 마치 무지개와 같았다"고 기술하였다.
하지만 불국사가 부처님의 국토가 될 수 있었던 까닭은 그들이 본 연지에 비친
누각과 누교의 서정미에 있는 것이 아니다. 창건 당시부터 있었던 연지와 함께
화엄의 형상으로 그 중심에 범영루가 있었기 때문이다.

통일을 이룩한 지 백년, 신라문화의 황금기였던 8세기 중반 진골
출신으로 시중을 역임한 김대성은 신림과 표훈으로부터 교학불교를 사사했다.
또한 그의 꿈에 천신이 강림해 석불사의 뚜껑돌을 만들어 놓고 갔다는 것으로
볼 때 설계를 총괄한 건축가이기도 하였다. 그가 시중직을 사임하고 죽는
날까지 혼신의 힘을 기울였고, 훗날 국가가 완성한 곳이 바로 화엄 불국사이다.

불국의 종교적 염원을 불국사를 통해 구현하려 했던 그는, 비례가
없는 득오의 비례로 일체 제법을 갖춘 부처님의 나라를 표현하였다. 그것을
위해 바친 시간은 한국건축사에서 가장 오랜 39년이었다. 그것도 '시공보다는
준비와 설계에 대부분의 시간을 할애'하였다. 한국 전통 건축에서는 서양
건축과 같이 100년, 200년의 시간을 보낸 건축은 없다. 목조 구조는 석조에
비해 시공이 간편한 이유도 있겠지만, 화려한 장식과 완성 비례의 구조물을
추구하지 않았기 때문이다. 그럼에도 불국사가 그 정도의 시간이 필요했던
이유는 장엄의 연화장 세계를 함께 이룩하려 했기 때문이다.

불국사 전경
중앙으로 뻗어 나온 누교로 인하여 가까이
접근하면 자하문이 중심이 되어 범영루와
좌경루를 양옆으로 거느린 좌우대칭의 형태가
된다.

불국사 입면도
실제로는 좌우대칭의 건물이 아니다. 그러나 물에
비친 모습까지 합하여 멀리서 보면 상하좌우의
대칭건축으로 느껴지게 한다.

범영루
멀리서 보면 양옆에 계단을 가진 불국사의
중심 건축으로 우뚝 서 있다. 이로 인해 멀리서도
화려한 중심 건물로 느껴진다.

좌경루
우측의 범영루와 똑같은 형태의 건물이나
강조되지 않는 건물이기에 기둥은 화려한 듯
소박한 팔각형의 형태가 되었다.

생명과 같이 변전하는
질서의 비례

불국사는 토함산 자락에 평지를 얻기 위해 2단의 석단을 쌓아 조영된 평지 사찰의 개념으로 나지막한 두 산의 중간에 터를 잡아 유난히 수평적이며 수직적인 확장이 두드러진다. 자연 그대로의 큰 돌로 쌓아 올린 아랫단과 이맛돌을 끼워 다듬은 돌로 쌓은 윗단의 이중적 석단은 자연과 인공의 신비로운 조화에 앞서 석단 위의 누각과 상의적 관계에 있다. 거친 형태로 땅에서부터 시작하여 점진적으로 하늘로 올라가는 동시에 연지에 비친 물밑의 하늘로도 뻗은 견고한 대지의 장엄한 석조 기반으로, 위와 아래로 오를수록 날아오를 듯 승화되는 공간을 구현하기 위한 건축적 해법이었으며, '말단에 이르는 하잘 것 없는 존재일지라도 모두가 진실'이란 특징을 지니는 성(聖)과 속(俗)의 구분이 없는 화엄사상의 미적 근간이다.

    건축 조형에서 심미적 관점은 건축의 이상과 역할에 따라 다르다. 희랍의 신전에서부터 현대에 이르기까지 비례는 서양 건축의 변할 수 없는 미적 원리이다. 피타고라스(Pythagoras)는 별의 관찰을 통해 점이 모여 선과 면이 되고, 체적이 되는 수(數)의 비율 구조로 현상계의 본질적 실재를 파악했으며, 신이 창조한 우주와 인간은 신의 미적 원리로 구성되어 있다는 신념 아래 순수 이성적 비례 형태로서의 실체를 추구하였다.

    18세기에 이르러 합리적이고 이성적인 전통에 반하여 대두된 낭만주의는 '조화와 비례가 깨진 거칠고 투박한 것이 고전적 완결의 미보다 더욱 승화된 장대한 효과'를 일으킨다고 하였다. 그러한 낭만주의 역시 비례의 상대적 적용으로 확장된 인식이며, 20세기 해체주의조차 기하학적 형태가 아닐 뿐 더욱 자유로워진 공간적 비례가 적용된 형태를 구성한다. 그러나 "하나의 사물은 변전한다"는 헤겔의 말을 빌리지 않더라도 미는 고정된 원형의 순수한 형태로 체득되는 것은 아니다. 자연에 변화하지 않는 것이 없듯 순수질서와 순수한 형태로 존재하는 것은 없다. 또한 건축이 심미적 추구 대상이기보다는 옷과 음식과 같이 인간적 삶을 영위하기 위한 수단이 되면 미적 대상보다 인간에 대한 문제가 더욱 중요하게 된다.

동양에서 추구했던 비례 원리는 공간적 상태가 아닌 시간과 공간의 위치와 변화에 따른 각자의 상이한 체험이 중심이 되며, 나아가 심미적 체험과 생명의 원리와 같이 변전하는 질서의 비례로서 자율적인 동시에 상대적이다. 그것은 형태만이 아니며 건축이 아닌 것이 없듯 자연의 모든 것을 포괄한 대상을 넘는 대상으로 한계를 넘어서려 하였다. 마치 필묵으로 느낄 수 없는 필묵을 느끼게 해야 하는 동양화의 필법과도 같다.

허공에 의지한
날개와 같은 누각

발굴 기록에 의하면 연지는 동서 39.5미터, 남북 25.5미터, 깊이 2~3미터인데, 연못가에 서서 만다라의 지·수·화·풍·공(地水火風空)의 엄신관(嚴神觀)을 토대로 한 듯한 다섯 누각들을 바라보면, 물에 비친 누각과 함께 인간의 시야에 꽉 차서 장대하게 전개된다. 연지의 크기는 이런 점을 고려하여 의도된 것이다. 이를 헤아리며 멀리서 본 범영루는, 수미산 모양의 화려한 석주로 인해 우뚝 솟아 장중하면서도 날아갈 듯 가볍게 느껴지는 다섯 누각의 중심 건축이다.

원래 이름이 '수미 범종각'이었던 범영루의 특이한 석주는 코끼리 형태의 안상형석주(眼象形石柱)라기보다는, 두개의 큰 돌로 십자석(十字石)을 만들고 높이 9척으로 9층까지 쌓아 그 네 곳의 끝을 새긴 만다라 수미산형의 석주다. 그 석주의 구름과 같이 화려한 형태는 물에 비친 모습까지 더해져 《고금창기(古今創記)》에는 "부용(芙蓉)을 세운 듯 허공에 의지하여 세웠는데, 백길이나 높은 누가 날개와도 같다"고 하였다. 그리하여 범영루를 중심으로 좌우에 연화와 백운교의 2개의 계단이 있는 동서양의 일반적 종교건물과 같은 좌우대칭의 건물로, 그리고 물에 비친 허상까지 합하여 상하 대칭의 건축으로 장대하고 웅장해 보이는 불국토를 건설하였다.

범영루 측면
수미산 모양의 화려한 석주로 인해 우뚝 솟아
장중하면서도 날아갈 듯 가볍게 느껴지는 범영루.

비대칭의 역설로 승화한
완전한 대칭

연지를 건너와 자하문 앞에 서면, 시야를 압도할 만치 유난히 중앙으로 뻗어 나온 청운·백운교로 인하여 자하문을 중심으로 중앙의 계단 양 옆에 범영루와 좌경루가 또 다른 대칭의 형태로 변전한다. 이제 범영루는 그 중심의 자리를 자하문에게 내어주고 우경루의 역할을 하는 것이다. 그것이 범영루가 높기는 하나 현재는 3칸이지만 본래 2칸 밖에 안 되는 작은 건물이어야 했던 이유이다. 이와 함께 좌경루는 팔각연화석주(八角蓮花石柱) 위에 누각을 지어 범영루와 높이는 같으나 중심 역할을 하는 건물이 아니기에 화려하게 보이지 않게 하였다. 마찬가지로 안양문 앞에 서면 청운·백운교가 담의 역할을 하여 안양문이 중심이 되면서 좌우에 누각이 있는 짧은 시점의 또 다른 대칭 형상이 된다. 그리하여 불국에 이른 참배객은 실제 좌우대칭이 아니나 모든 시점에서 변화하는 장대하고 완전한 대칭적 형태를 보게 된다. 그것은 절대 중심의 대칭 형태이나 인간의 시점에 따라 변화하는 앙코르와트와는 상반된 방법으로 성취된 자유 비례이며, 개별적 존재를 '전체적 소우주의 통일체'로 생각한 만다라와 같이, 중심적이나 변화의 복수성을 지닌 공간이다. 지금은 숲으로 가리고 연지는 사라졌으나 그 흔적으로 상상할 수는 있다.

    황금의 비례는 없으나 역설로 승화된 비질서로 이룬 완전한 질서가 김대성이 이룩한 불국토의 진상(眞相)이다. 마치 한송사 석조 보살좌상의 긴 턱과 긴 손가락이 원근의 변화하는 비례로 완전한 여러 모습을 하는 것과 같은 이치이다. 그리하여 법화경의 대웅전, 정토의 극락전, 화엄의 비로전 등 건축적 대장경인 불국사의 전경은, 층별 체용(體用)이 상즉(相卽)적 통합을 구현하여 원융의 화엄 사상으로 전개된 건축적 만다라가 되었다. 온갖 꽃으로 장식된 연화장이 아닌, 하늘이 쌓은 듯한 신기의 석축 위에 지은 다섯 누각은 시공으로 변화하며 연지에 비친 건축의 그림자와 하늘까지도 담은 비대칭의 건축 만다라로 실상과 허상의 일체를 포괄하고 모든 것을 포기한다. ◎

불국사 전경
불국사는 땅에서부터 시작하여 점진적으로 하늘로 올라가는 형태로 위와 아래로 오를수록 날아오를 듯 승화되는 공간을 건축적으로 구현하였다.

물에 비친 앙코르와트
물에 비친 하늘로 인하여 천계(天界)의 건축처럼 느껴지듯 불국사의 예전 모습도 이러하였다.

한송사지 보살좌상
긴 턱과 네 마디의 손가락으로 인해 멀리서, 가까이에서 보는 위치에 따라 변화하는 버례의 모습으로 완전한 한송사지 보살좌상.

仁政門

미와 덕

덕德으로 드러난 건축의 도道

창덕궁 인정전

인정문에 가득찬 인정전은 넘쳐나는 크기로
위압적이지는 않으나 지엄한 권위를 함께 느끼게
한다.

인정전과 회랑
내용과 형식이 미적 통합을 이루어 유학적 품덕을 드러내고, 편안한 동시에 경외로운 성인의 후광과 같이 광채를 품어낸다.

인정전 외관
하늘과 땅을 가득 메운 화려한 아름다움으로
변함없는 진리와 미의 정수를 내포한 듯 천하를
교화한다.

조선은 덕(德)으로 이루어지는 정치와 학문, 문화예술을 서로 통합하여 사회가
지향하는 이상적 모습의 토대로 삼았다. 문덕(文德)과 문치(文治)를 같은 영향과 파급을
줄 수 있는 동일한 이념이라 여겼으며, 건축 또한 정치적 측면에서 보다
근본적이며 정신적인 효용성에 주목하였기에 미적 기능이 덕치로 이루어지는
'인정(仁政)의 가치 실현'이라는 정치적 목표에 적합하게 역할을 하였다. 덕치란 이상
세계를 추구한 통치방식에 불과한 것이 아니다. 실제로 행정적 효율 추구를
극대화했던 중국 진(秦)의 법치가 40년으로 단명한 후, 한(漢)은 천인합덕(天人合德)의 민본주의
정치 철학을 원리로 삼아 명나라까지 2천 년 이상을 덕을 근간으로 하는
천명(天命) 이념으로 왕조 체제를 공고히 하였다. 덕치는 허구적 이데올로기가 아닌
실제적이고 효율적인 정치 이념으로 이미 역사 속에서 증명된 것이다.

  이러한 덕치를 지향하는 통치 이념의 예술적 산물이었던 조선의
정전인 인정전(仁政殿)은 태종 즉위 후, 그 어느 때보다 군주의 위용을 드러내고
통일적 중앙집권의 목표를 수립하고자 할 때 창건되었다. '인정전'이라 명칭한
것에서 알 수 있듯이 유교적 이념의 기치 아래 세워진 조선 왕조는 인(仁)의
정치를 상징성을 넘어서 가장 효율적 정치 이념으로 채택하여 표방하였다.
실제로 태종의 이러한 바람은 이상적 군주의 모범으로 일컬어지는 세종 때의
덕치(德治)로 실현되기에 이르는데, 이 시기는 조선의 국가 운영에 학문과 정치가
이상적으로 조합된 균형 잡힌 시대였다.

금천교와 진선문
인정전으로 향하는 진선문 앞의 금천교는
옥천교보다 폭이 넓고, 짜임새가 정치(精緻)하며
빈틈없는 부재(部材)의 비율이 아름답다.

인仁이란

덕德의 완성

공자는 나라를 다스리는 것은 "도를 밝히는 것에 지나지 않는다" 하였다.
인정의 인이란 '덕의 완성'으로 유학의 도였다. "나라를 다스림에 도를 얻으면
기강이란 힘써 세우지 않아도 사람들이 알지 못하는 사이에 서게 되며, 애써
법도를 정하려 하지 않아도 사람들이 듣지도 못하는 사이에 정해지는 것"라
하였듯 덕치는 다스리는 사람이 인격적으로 완성되면 다스리려 하지 않아도
저절로 다스려진다는 이상적인 정치 형태로 여겨졌고, 이러한 국가적 이상은
사대부 개개인의 도덕적 완성과 일치하는 것으로 덕으로 완성된 사람이라야
통치할 수 있다고 보았다. 덕치란 유교 정치의 산물이라기보다는 최고의
자율성과 자유를 구가하는 가장 높은 경지의 정치 형태였다.

통치라는 것은 효율적으로 '나라를 행정한다'는 차원을 넘어서 백성에게
은덕이 골고루 펴져야 한다는 계도의 기능을 가졌다. 지금은 전문 관료의
효율적 정치를 추구하는 세상이나, 삶과 철학에 있어서 통합적인 정치를
추구하였던 조선의 정궁은 통치가 아닌 계도의 역할을 하는 건축이어야 했다.

이러한 덕치를 실현하고 상징하는 것으로 설계된 인정전은 국정의
규범과 이를 베푸는 도리에 인과 예와 문을 본질로 삼아 내용과 형식이 하나로
이루어져 나타난 아름다움이 표현된 덕치의 외형적 모습이다. 유학이 내용이자
본질인 인과 형식으로 나타나는 예가 하나의 모습으로 설명되듯 인정전은 그
내용과 형식이 미적 통합을 이루어 유학적 본연에 충실한 품덕을 드러내고
있다. 그리하여 편안한 동시에 완벽하여 성인의 후광과 같이 광채를 품어낸다.

내용을 갖는다는 것은 단지 보기 좋고 아름다운 것에 그치는 것을
넘어선다. 미의 범주가 협의의 의미로 다루어지는 것이 아닌, 모든 문화와
학술을 포함하는 광의의 개념으로서 총체적 인문성을 갖던 유가적 미는
포괄적이며 종합적이었다. 공자는 "나는 색을 좋아하는 것만큼 덕을 좋아하는
사람을 본 적이 없다"고 하여 아름다움과 인성의 불가분한 관계를 말하였고,
이것은 미가 인성에 작용하는 예술과 인간과의 근본적인 관계임을 의미하였다.
도로 통하는 이러한 미와 인간의 관계는 도가 곧 인지상도로 연결됨으로

21 창덕궁 인정전

정조의 〈파초도〉
먹의 농담에 변화를 주지 않은 자연스러움으로
담묵하고 고결한 문인의 의기를 느끼게 하여
조선의 군왕이 갖추어야 할 미적 수준을 가늠하게
한다.

인정전의 뒷 담
마치 일(日)과 월(月)이 합해서 용(用)의 경지가
되듯이 일월 담장으로 천리를 실현하는 상징 또한
갖추었다.

인정전 회랑
크지 않은 마당은 회랑으로 인하여 사방으로
확장되며 붉은 색의 기둥으로 깊어진다.

미와 선으로 통일된 미가 인간에게 보편적 원리와 항상성으로 역할을 할 수 있는 위치를 획득할 수 있게 되었다. 도에 합치되는 것이 아름다운 것이었고 합치되지 않는 것은 아름다운 것이 아니었다.

"인을(仁) 일컬어 마음의 덕(心之德)"이라 한 주자의 말처럼 결국 인은 마음을 바탕으로 한 미의 가장 근본적 내용을 이룬다. 마음에서 비롯된 이것은 미가 수동적으로 인간에게 쓰여지는 것을 넘어서 도(道)의 원리가 저절로 그러하듯 아름다움이 스스로 미를 뿜어내는 자율적인 경지에 이르게 한다. 이러한 도(道)로서 이루어지는 미(美)는 정치가 지향하는 인(仁)과 같은 지점에서 만난다. "마음의 본체가 광명정대(光明正大)하고 두루 통달해서 천지와 더불어 근본이 같게 된 후에 그것을 행하면 그날그날 행하는 모든 정사(政事)가 모두 도(道)에 따라 이루어질 것이니 기강과 법도는 애써 세우려 하지 않아도 세워질 것이다"는 말처럼 임금의 마음이 정성스러워야 마침내 정치도 실효를 거둘 수 있다고 보았고, 한 순간이라도 성실하지 않은 정치는 나에게 본래 있는 것으로 행하지 않기에 허망한 말 뿐인 상태로 여겼다. 사대부의 조정에 의해 설계되었을 인정전은 그 정치의 지향점을 생각했을 것이고 그것은 덕치로 드러나는 건축으로 실현되었다.

내재적 덕으로 성취한
도(道)의 장소

세 칸으로 나누어서 짧지만 넓게 느껴지는 금천교를 지나 진선문을 들어서면 좁아지는 회랑으로 둘러싸인 길이 인정전에 나아가기 위한 예비 공간으로 펼쳐진다. 경복궁과 같이 정면으로 진입하는 것이 아니라 인정전을 측면에 두고 가까이 있는 이 길은 처음에는 정중앙에 위치하나 옆으로 비켜서는 듯 중앙으로 들어가게 해서 경직되지 않는다. 그 인정문의 다섯 계단을 오르면 5미터 높이의 거대한 문이 있다. 그 인정문을 통해 바라보는 인정전은 이보다 더 큰 건물은 없는 것 같이 문틀에 꽉 차서 넘친다.

건물을 멀리 위치하게 해서 웅장한 것이 아니라 문에 넘쳐나는 크기로

진선문에서 보는 인정전 길
평범한 듯 긴 길과 바닥의 거친 돌들은 하늘과
합하여 성인의 후광과 같이 광채를 품고 위용과
편안함으로 유도한다. 지배하려는 욕구의
길이기보다는 완전하고 추상적인 이상을
구현하려는 길처럼 느껴진다.

가까이 있어 더욱 크고 충격적으로 느껴진다. 눈부신 화려함이 아니라 가깝게
있어 편안해지고, 큼으로 인해 위용이 넘친다. 이 편안한 위용은 인정전
왼쪽의 북악산과 대비되는 오른쪽 청기와의 희정당으로 인해 안정된다.
건물 앞에는 길게 다듬은 돌을 높지 않고 넓지도 않게 쌓은 상하 월대가
있다. 사방의 크지 않은 회랑과 어울려 적당한 격을 자아내며 경복궁과 달리
난간 없는 낮은 기단으로 인하여 들뜨지 않고 잔잔해서 가라앉는다. 이러한
장치들은 위용과 편안함을 동시에 갖추기 위한 것으로 그것은 조선 왕조의
구별되는 특징이기도 하다. 위압적이고 경외하고 두려워 떨어야 하는 절대
왕권이 지배하는 국가가 아니었다. 인간의 눈으로 인식할 수 있는 가장 장대한
크기의 황홀함으로 이루어진 중국의 자금성은 북방 민족의 침입 등 다민족
국가로 모인 대륙의 통치 여건 하에 요구된 크기였을 것이다. 또한 폐쇄적이나
천상의 공간인 듯 신비롭게 느껴지는 일본의 성과도 다르다. 주변의
회랑으로 들어서자 일견 작았던 마당은 사방으로 확장되며 기둥과 벽은
붉은 색의 깊음으로 막지 않은 듯 깊어지며, 그 크기는 무한함으로 우아하게
변화한다. 얇고 넓은 돌이 깔린 앞마당은 어도 양옆으로 놓인 품계석과 함께
자유자재하며 거칠게 놓여 있었던 박석(薄石)의 직선들로 인해 사각의 회랑은
고정적이지 않고 자유롭다.

　　기둥의 기초석에까지 일체의 장식은 배제되었고 나무와 돌 등의 자연적
물질로 되어 있을 뿐이지만, 외부에서 바라볼 때는 통층의 2층으로 되어 있어
웅장하며 붉고 노란 단청으로 찬란하다. 빛은 있으나 단순한 형식은 은밀한
존재가 되어버려 신성함조차 초탈한 정관(靜觀)적 장소에 참여하도록 배려한다.
바닥에 깔린 거친 박석과 붉은 기둥뿐, 화려하거나 자연스럽고 세속적인 것은
아무것도 없으며 지배하려는 욕구조차 느껴지지 않는다. 완전하고 추상적인
이상을 구현하려는 노력도 기울지 않으면서 얻은 내재적 덕으로 성취한 도(道)의
장소로 오늘의 우리를 초대하는 것 같다. 또한 인정전의 뒷담은 일월담장으로
막아서 하늘의 뜻을 실현하는 장소로서 상징 또한 갖추었다. 태양과 달의
모습으로 한정하는 드넓은 우주인 것이다.

천하를 교화하는 미와 덕

맹자는 인의예지를 외부적 단련을 통해서 주어지는 것이 아닌 천생적인 것으로 보았다. 사람의 인성을 본래 주어진 내재된 것으로 보는 것에서 그의 위대한 면모를 볼 수 있듯 인성에 내재하는 본래 있는 아름다움을 발견하는 것은 아름다움에 대한 궁극적 물음을 던진다. 아름답지 않은 것을 아름답게 할 수는 없다. 원래 현재하는 아름다움을 드러내는 것이 인간의 의미 과정에 의한 것이라면 아름다운 것은 깨달아 드러내야 하는 것이다. 이것은 내재된 것을 발현해야 하는 것으로 인성에서 유추된 위(爲)의 측면이다. 즉, 예술적 아름다움은 태생적으로 위이며 인문이고 문식(文識)이다. 아름다움은 이미 존재하였고 내재되었고 천생적으로 갖추고 있었던 것이다. 예술은 이것을 드러낸 것에 불과하다.

이 높은 이념이 점철되는 곳에 인간에게 내재되어 있던 선단(善端)인 인(仁)이 발현된 인정전은 사람들의 타성적 의지, 혹은 감상이 전이된 매체에 불과한 것이 아니다. 내재성이 결핍된 예술은 엄밀하게 말하면 진실함에서 동떨어진 사도(邪道)에 불과하다. 예술이 객관 사물의 실제적 반영이 되려면 내재성을 가질 때 참의미를 띄며 본질적으로 인간 본성에서 발현되어 자율성을 획득한 예술만이 진정 좋은 예술이다. 이것은 근본적인 결핍이 없다.

인간이 사회 구성원으로서 제기되어야 하는 문제의식으로 인해 예술은 시대상을 반영한다. 벤야민(Walter Benjamin)은 "한 작품이 미적으로 올바르지 않다면 정치적으로도 올바를 수 없다"고 주장하였다. 보다 높은 인간의 사회적 자각이 낳은 예술 형식으로서의 모든 문화적 생산물은 그 시대의 정치적 성격과 연계되어진 총체적인 문화적 산물이자 표현 형태이다. 그러나 한편 '정치라는 것이 과연 고매할 수 있는가' 아니면 '그러한 최고의 가치를 추구할 수 있는가'라는 의문을 가지게 된다. 적어도 조선은 그것을 추구했다. 선단이 발현한 인을 정치의 상징적 본질로 삼았다. '아름답다'라는 것이 궁극적 경지의 단계에 이르러 정치적 도구로서의 예술의 전형을 보이고 있는 인정전은 합리적 사회의 본성에 대하여 미를 통한 객관적 가치 판단의 가능성을 제시한다. 그렇기에 미적으로도 올바른 정도(正道)의 표현이 가능하였다.

    인정전은 백 마디의 말보다도 한마디로 덕치의 모습을 심도 있고 효과적으로 보여준다. 천지를 가득 메우는 변함없는 진리와 미의 정수를 내포하는 화려한 아름다움으로 천지를 교화하며 미덕(美德)을 갖춘 사람이어야 천하를 교화할 수 있다는 상징성을 보여주고 있다. 덕을 갖춘 이러한 미는 진정 고전 예술의 미덕이다. ◎

인정전 마당
넓지 않은 마당은 막고 있는 회랑으로 인하여
오히려 확장되고 품계석 주변에 거칠게 놓여 있던
박석의 선들로 인해 고정적이지 않고 무한히
자유롭다.

무위와 내연

무무무무無無無 무무무무無無無無

거조암
영산전

평범하여 아무것도 추구하지 않는 무의도와
무작위의 건축으로 무위적 적조를 드러내는
영산정 전경.

〈무문어록〉에서 남송 스님은 생사의 경지, 즉 시간과 공간을 초월하는 경지에서 대자유를 얻을 수 있는 법을 말하라며 "無無無無無 無無無無無 無無無無無 無無無無無"라고 하였다.

영산전은 고려 우왕 1년(1375)에 건립되었으며 이후 여러 차례 중수한 게송과 같은 절대 무(無)의 건축이라고 할 수 있다. 그곳에선 소박하고 간결한 주심포계(柱心包系) 양식이나 맞배지붕의 장중함 같은 형태적 미(美), 혹은 노출된 구조의 솔직 담대한 공간 질서와 비례 등의 전형적 아름다움에 대한 이야기는 하지 말아야 한다. 왜냐하면 영산전은 일체의 유위적(有爲) 아름다움에 대해서는 멀리 떠나 있는 건축이기 때문이다. 빛과 그림자만 존재하며 비어 있음 조차도 없는 무공(無空)으로 고요할 뿐이다.

고대 희랍인들은 실체와 허공은 분리될 수 있는 하나의 우주 속에서 허공은 공간적 장소 일뿐, 그 둘 사이에는 내재적 연관이 없다고 했다. 실체로서의 형식의 창조는 동시에 본질을 부여하는 것이기에 아리스토텔레스는 형식이 바로 본체라고 생각했다. 그것은 형식이자 내용의 실체였다.

동양인에게 있어 형태와 허공은 기(氣)로서 그것이 모여 실체가 되고, 흩어져 허공이 되는 것으로 일시적 변화의 형태일 따름이었다. 유와 무 그리고 실체와 허공은 대립하지 않았다. 유무는 상반상생(相反相成)하며 서로 분리되지 않고 내·외적으로 연결되어 있다고 생각했다. 그리하여 무는 유의 본원이자 유의 구속처였다. 구속처인 무는 특정 시공간에서 알 수 없는 것으로 통찰할 수 있는 기지와 함께 무지의 개념을 동시에 둠으로써 전체를 인식했다. 순자는 "성인만이 하늘을 알려고 애쓰지 않는다"고 하였고, 《주역(周易)》에서도 "신은 종적이 없고 변화는 형체가 없다(神無方而易無體)" 하였다.

영산전 내부
장대한 공간에 여기저기 절제되어 들어오는 빛은 광대무변한 우주적 적묵을 이루고 끝없는 환상형의 길과 함께 갖가지 표정의 오백 나한은 일체와 화해한다.

최북의 〈공산무인도〉
"빈산에 인적은 없으나 물 흐르고 꽃이 피네"라는 제시처럼 아무것도 의도하지 않은 빈 모습으로 오백 나한의 갖가지 사유의 표정과 낭만까지 담은 영산전의 모습과도 유사하다.

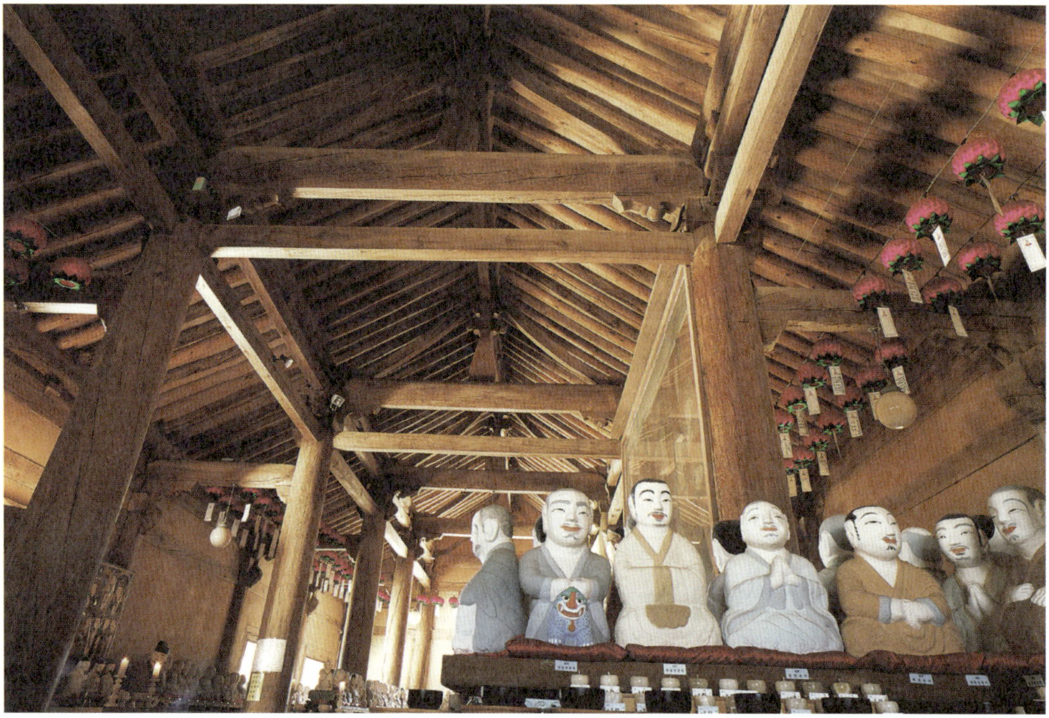

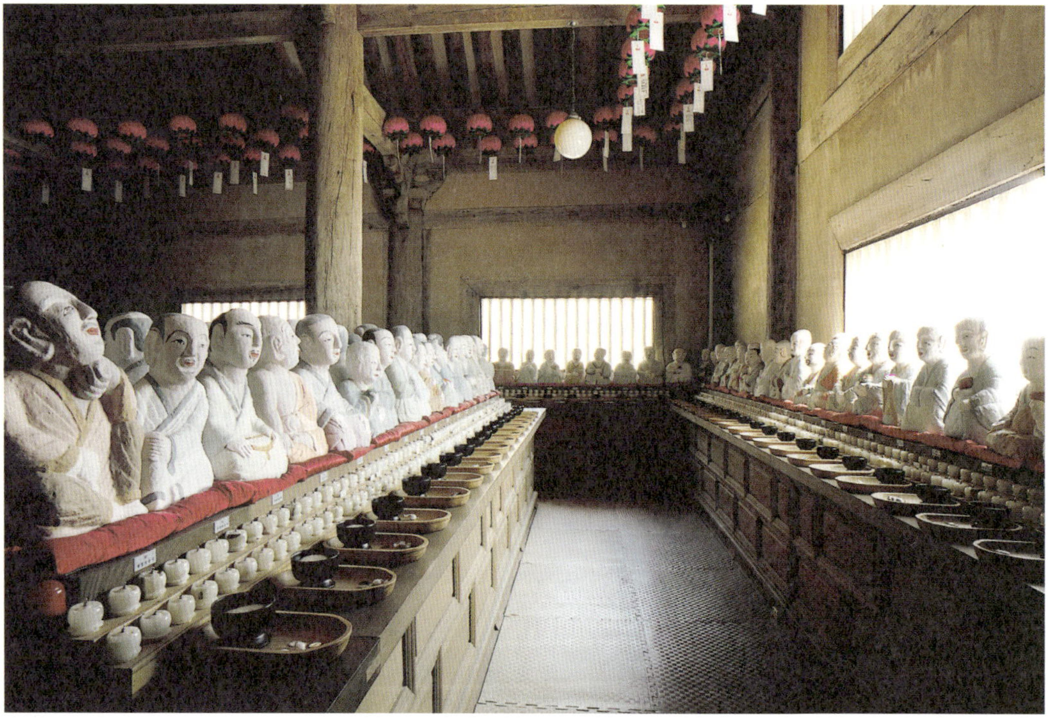

궁극窮極에 도달할 수 없는 경지

동양 예술의 희구는 끝내 궁극에 도달할 수 없어야 한다. '우러러 볼수록 더 높아지고 뚫을수록 더 단단해지고 앞에 있어 쳐다보면 어느덧 뒤에 있는' 끝이 없으며 심원하고 아득한 신神의 경지로서 말로는 전할 수가 없는 것이다. 그와 함께 천지지심天地之心의 '붓 한 자루로 태허太虛의 모습을 그려내는' 초기능적 의미를 갖추어야 했다.

형태가 없어 눈에 보이지 않고 소리 나지 않아 조용하며 텅 빈 것 같으나 희미한 상태가 없는 상태, 형상이 없는 형상으로 황홀恍惚 속에서 신비한 사물의 형상을 취해 절로 나타나야 한다. 《해심밀경解深密經》에서도 "법이란 본래 상相도 없고 생生도 없어서 유와 무를 떠났기 때문에 본래 소작所作도 아니고 비소작非所作도 아니다"라고 하였다. 절대상태의 유가 아닌 유는 무로 돌아가는 것이기에 '유위와 무위를 떠나 화광동진和光同塵하고 그 도는 무욕무지無慾無知하고 정세주도精細周到한 것'으로 나아가야 했다.

유위도 극복하고 무위조차 떠난 세계를 실체와 허공으로 보여주고 깨닫게 하는 곳이 바로 영산전이다. 원래 창고나 강당 등의 용도로 지어졌으리라 추정되나 개수를 통해 재창조된 것이기에 본래의 건물 용도와는 다른 창조적 금당金堂의 공간으로 인정받을 수 있는 것이다. 선禪과 교敎를 아울러 회통하는 한국 불교의 선문禪門의 전통을 세운 지눌스님이 정혜결사 운동을 펼쳤던 장소라는 이유 때문일까? 그 무공의 적묵寂默은 평상심에서 나아가 평상심이 다시 신성으로 회향되는 건축적 철학과 불교적 공간을 이룩하고 있다.

영산전 내부 공간
오백 나한을 만나는 '만(卍)'자의 길은 일보일례로 움직임과 멈춤과 동시에 무화되어 움직인 바 없이 걷게 된다.

일체와 화해한
무의도의 건축

영산정은 봉정사 극락전, 부석사 조사당, 수덕사 대웅전과 함께 몇 안 되는 고려시대 맞배지붕 건축 중의 하나로 동시대의 다른 건축에서는 찾아보기 힘든 독창적인 건축적 공간을 성취하고 있다. 그 표현 방법은 지극히 평범하여 아무 것도 추구하지 않은 무의도와 무작위의 건축이다. 건축이기보다는 선의 현시이며, 절대적 표현이 즉물적이기 때문에 사물 그 자체이다. 미의 형상에 대한 충실성은 긴장을 요하고 결국 그 긴장의 해소를 지향하려 하겠지만 이곳에선 이미 일체와 화해하여 실체와 허공, 부처와 중생, 그리고 건축과 사물은 구분도 없다. 원래 삼면이 흙의 둔덕에 묻혀 있어 화려하고 웅장한 측면과 배면을 일부러 숨겨서 보여주지 않았다. 오로지 작은 마당을 통한 정면의 일부만을 느끼게 되어 있었는데, 그 정면이라는 것도 창고와 같이 허술하고 밋밋하기 그지없다. 특히 건물 앞에 있던 좌우의 두 칸짜리 초라한 건물과 또 다른 요사체는 거대한 창고와 같은 영산전과는 달리 상대적 왜소함으로 일견 부조화로 잘못 지어진 건축인 듯 보인다.

건축이라고 하면 훌륭한 외관과 조화 그리고 장엄한 공간을 추구하는 것이 당연하다고 여길지도 모르나 영산전은 나타내려 한 것이 없다. 작은 마당과 함께 신라시대부터 있어 왔던 석탑과 인공적 둔덕 뒤에 숨은 건물, 큰 금당의 비례와 상관없이 보이는 왜소한 건물만이 전면에 자리하고 있다.

계단을 올라 절에 진입하게 되면 처음 대하는 것은 한적하고 쓸쓸한 마당의 작은 석탑과 영산전의 평범한 출입문뿐이다. 큰 법당은 주변 건물에 가려져 아무 것도 없는 노란 벽만 있어 그 실체는 있는 듯 없었다. 모든 것이 작고 초라한 듯 아무 것도 느껴지지 않고 아무 것도 보여주지 않는다. 그것은 추상적인 충동 가운데 가장 깊은 충동이라는 어둠을 이상으로 여기는 예술과 비슷하다. 일관성 있는 예술 작품 속에서는 작품의 정신이 가장 무미건조한 현상 속에서도 나타나 그러한 현상을 감각적으로 살려 놓듯, 풀 한 포기 나무 한 그루 없는 영산전 앞마당의 무위적 적조는 일체에서 자유로워 말 한마디 건넬 수 없게 한다.

영산전 측면
둔덕을 허물어 애초 보여주려고 하지 않았던 측면을 드러내었다. 아름답기는 하나 보이지 않음으로 아름다운 미의 형식은 없다.

원래 영산전 측면
본래는 양옆을 둔덕으로 가려 측면을 볼 수 없게 하였다.

움직인바 없이
걷는 길

무위도 벗어버린 마당을 통과하여 영산전에 진입하게 되면 왜소하나 담대히 미소 짓는 듯한 부처님과 함께 526위의 나한성중을 만나게 된다. 그러나 나한들은 더 이상 작게 느껴지지 않는다. 무리 지어 있기 때문이 아니다.

　아래로 옆으로 그리고 위로 어둑어둑한 장대한 공간에 여기저기 절제되어 들어오는 빛은 다양한 어둠의 깊이와 광대무변(廣大無邊)한 우주의 적묵(寂默) 속에 심원하여 주밀(周密)함을 이룩하고 있다. 공간과 시간은 적묵 아래 정지되어 있으나 합장배례를 드리는 좌우의 끝없는 환상형의 길로 인해 정지한 듯 움직이는 무시무종(無始無終)의 공간이 된다. 모든 나한은 흰색의 옷과 얼굴을 하고 있어 빛과 그림자를 동시에 받아들이고 일합(一合)을 이룬 듯 합하여 드러난다. 무채색의 건축과 흰색 하나로만 만색을 연출하고 있는 나한은 허공 속에 황홀함으로 갖가지 감각적 표정과 색색의 불성으로 삼세의 시간 속에 선좌(禪坐)하고 있다.

　그 오백 나한을 만나는 내부의 '만(卍)'자와 같은 길들은 길이 아니다. 한분 한분께 예(禮)를 올리는 일보일례(一步一禮)의 멈추는 장소도 아니고, 동중정(動中靜)인 동시에 정중동(靜中動)의 길도 아니다. 2열 중첩된 나한상의 배열로 반보 반보 걸어서 예를 드릴 수밖에 없어 공간과 시간이 함께 만나 사라진다. 운동을 하는 멈춤과 움직임이 동시에 무화(無化)되어 버린 움직인 바 없이 걷게 하는 길이다.

　아도르노는 "완전한 작품이란 존재하지 않는다"면서 "만약 존재한다면 각 요소가 화해되지 않은 상태 속에서 실제로 화해가 가능한 상태"라 하였다. 시공의 개념에서 나아가 사회적 경험속의 공간적 실천으로 구체적 공간론을 펼치는 현대철학과 달리 영산전은 산만하거나 모순에 찬 요인들을 은폐할 필요도 없고 화해 안 된 상태로 내버려둘 필요조차 없다. 가지지 않으면서 모든 부처를 만나게 한다. 오백 나한에게 예를 다한 후에도 묵묵(默默)하여 그 본적(本寂)의 묵묵함으로 예를 대신한다. 그 태허와 같은 내연의 고요함은 건물의 모든 부재 속에 스며들어 외연으로 다시 드러나게 하는 예묵(禮默)의 공간을 통해 건축은 없고 조사(祖師)만 있다.

　그러나 이제 승보사찰의 본향이라고도 할 수 있는 거조암은 더 이상

조사들이 거(居)하는 공간이 아니다. 자신을 낮추고 아무 것도 하지 않았지만 내부에 들어서는 순간 우리와 같은 오백 나한들이 우주 속에 불성(佛性)으로 가득하였던 곳이다. 이젠 모든 것이 세월과 함께 변해버려 넓은 마당만 있을 뿐이다. 옛 것을 복원한다는 명분 아래 새롭게 칠한 색색의 나한들만 있는 그곳에서 더 이상 조사를 만날 수 없다. 애시 당초 아무 것도 보이려고 하지 않았던 무무(無無)와 무무(無無)의 건축이었던 것처럼, 황홀하고 신비하게 절로 형상을 취했던 것처럼, 절로 원래의 자리로 돌아가 버렸는지도 모를 일이다. 무(無)의 공간 거조암 영산전은 이 시대가 잃어버린 사찰로 우리의 마음속에만 남아 있을 수 있어 더 이상 말로 전할 수가 없다. ◎

원래 영산전 내부 모습
어둠의 깊이와 합한 빛으로 화해되지 않은 상태
속에서 화해가 가능해지고, 가지지 않으면서도
모든 부처를 만나게 한다.

경험과 초월

천지天地와 맞닿은 적멸법계寂滅法界

범어사
불이문

범어사 불이문 계단길은 천상과 바로 닿아 있는 듯
현실에는 없는 초월적 공간 구성을 하고 있다.

범어사 불이문길
서서히 상승하여 올라가는 신비로운 직선의 길과 함께 하늘과 땅은 맞닿아 있다.
낮은 담장은 함축되어 있음으로 구획된 느낌은 없이 구획된 효과만 있게 하고, 높은
나무는 상승의 느낌을 더한다. 마치 천상의 세계로 집중시키며 스스로를 흡입하여
들어가는 것 같지만 존재는 없고, 영혼만 있는 상태를 감지하게 한다.

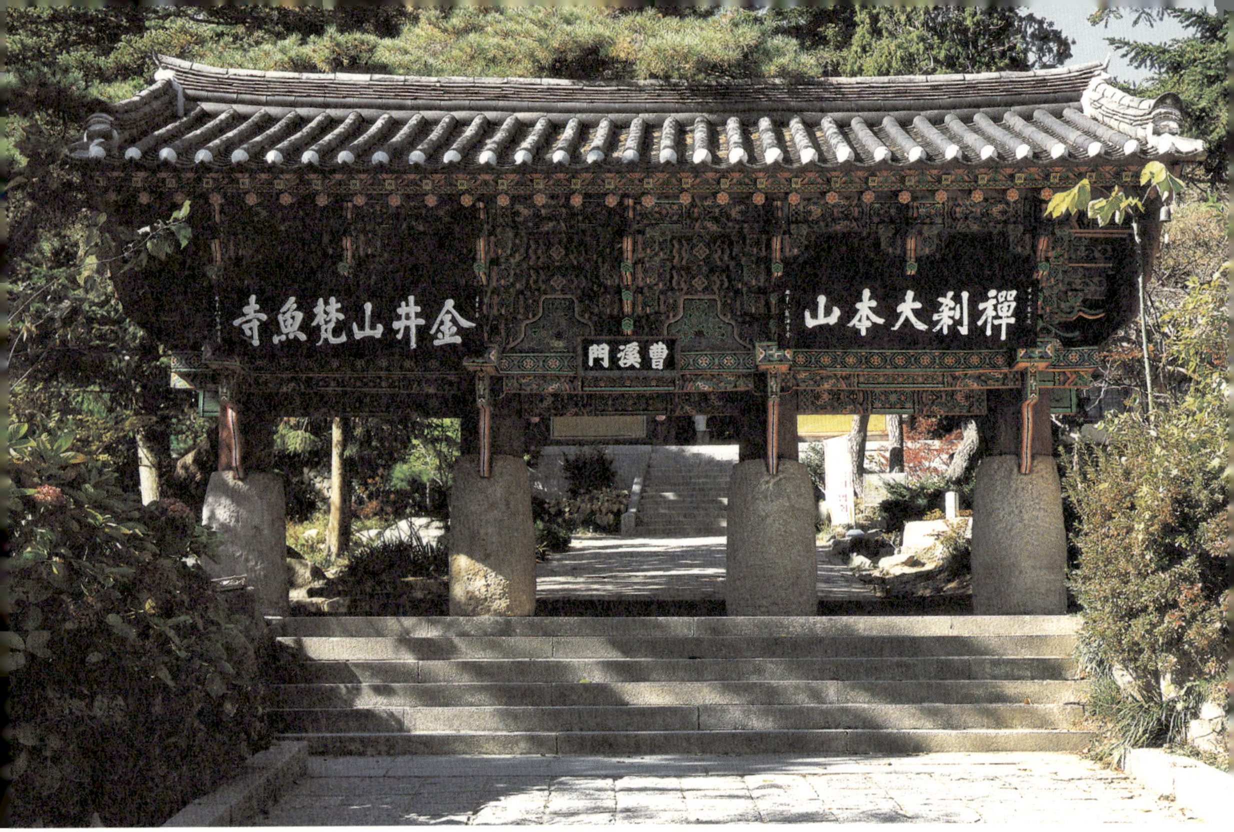
禪刹大本山
曹溪門
金井山梵魚寺

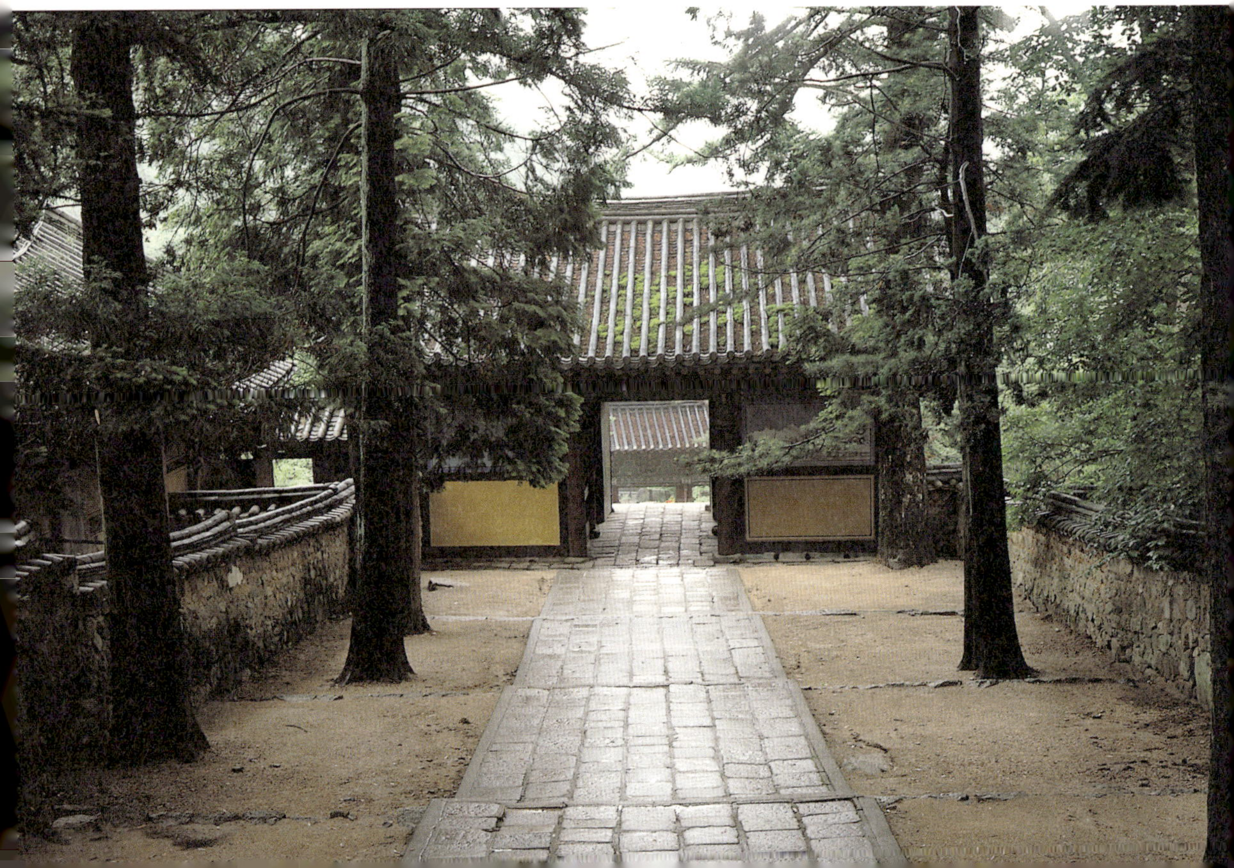

범어사의 «창건사적»에 "동쪽 해변 금정산의 산정에 높이 50여척의 큰 바위가 우뚝 솟아 있는데 언제나 차고 마르지 않는 우물이 있다"고 하였다. 그곳에는 범천에서 오색구름을 타고 온 금어가 헤엄치며 놀고 있는데, 미륵여래가 금색신으로 화현하여 나라를 구했다는 설화에 따라 범어사라는 이름이 지어졌다. 그 이름의 유래와 같이 범어사의 길은 하늘이 땅이 되고 땅이 하늘이 되어 '실제로 부처님이 오신 것도 아니요, 내 마음이 간 것도 아니지만 감응하는 길이 통하여 오직 마음이 스스로 나타내게 하는 것' 같다. 마치 한국 불교가 염불·교·선의 삼문을 인정하는 포용적 견해의 특징을 잘 드러내고 있듯 실제적이며 포용적인 동시에 초월적인 공간 구성을 하고 있다.

    이 땅의 여느 절이 그러하듯 계류를 끼고 걸어 오르면 어산교란 석교를 건너 당간지주가 있다. 당간지주 옆 곧바로 난 길을 따라 위로 오르면 지붕만이 유난히 강조되는 일주문 아래에 선다. 그 일주문 기둥 사이로 천왕문이 언뜻 보이며, 불이문에서 보제루 그리고 대웅전까지 이어져 오르는 한국 사찰의 전형적 진입 공간 구성을 볼 수 있다. 그러나 그 공간적 형식은 일반적인 서양 건축에서 보이는 세속적 구역으로부터 최종의 성스런 공간까지 도달하여 성현을 드러내는 점층적 공간 구성과는 다르다(안타깝게도 2010년 12월, 방화로 추정되는 화재로 인해 천왕문은 전소했다).

    화엄에서 증교의 양법은 항상 두 극단에 있으나 중도로서 하나이며 무분별이다. 통하는 까닭에 동이요, 다른 까닭에 별이듯 전통 사찰의 삼단적 공간 구성은 구별인 동시에 통합이요, 통합인 동시에 구별이었다. 그리하여 일주문에서 대웅전까지의 구성은 눈에 보이는 각 면만을 보면 사방과 시방등으로 나뉘고, 나눈 원인을 보면 한결 같은 일승이니 삼단의 나눔을 통해 일승을 나타낸다고 할 수 있다.

일주문
기둥의 중간 지대가 없이 압축된 느낌을 받는 일주문은 땅에 존재하나 지붕과 맞닿아 있음으로 구축적이지 않고 사라지는 느낌까지 들게 한다.

불이문 길
내려가는 길도 지붕들만 아래로 보여 땅에 있으나 하늘에 있는 듯 하늘과 땅이 맞닿은 세계가 되었다.

파격이나 느껴지지 않는
파격 破格

범어사 사역의 첫 번째 문인 일주문은 초석礎石과 같은 석주石柱로서 유난히 큰 지붕을 받치게 하는 독특한 구조로 되어 있다. 1718년에 세운 석주 위에 몇 차례 중건한 건물로 각기 다른 높이로 거칠게 다듬은 4개의 원통형 석주 위에 짧은 두리 기둥을 연속하여 세우고, 겹처마에 맞배지붕을 얹어 풍판을 단 형식이다. 그러나 붉은 두리기둥은 시각적으로는 기둥이 아니다. 곤포가 석주까지 내려와 앉은 듯 지붕은 석주 위에 얹혀 있다. 일반적 건물은 기단과 기둥 그리고 지붕의 3층 구조이나 일주문의 석주 위에는 기둥이 없다. 중간 지대가 없어 압축된 느낌을 받는다. 파격이나 기법을 느낄 수 없는 파격이다. 마치 자연은 경이롭지만 돌발적으로 보이지 않는 것처럼 기형적이거나 우발적이지 않다. 순간적인 깨달음을 느끼게 하기 위해 의도적으로 지어졌을까? 그 돌발적인 느낌은 기둥이 사라진 형식으로 현실 세계에는 없는 것과 같이 땅에 존재하나 지붕과 하늘이 맞닿아 있음으로 육중한 지붕의 건물은 망각되고 석주는 초석이 되어 사라지는 느낌을 들게 한다. 압축되어 존재는 사라져 버리는 암시적 형식 같다.

일주문을 나와 천왕문을 들어서서 불이문을 바라보는 순간 상승하여 올라가는 신비로운 직선의 길과 함께 그곳의 하늘과 땅도 맞닿아 있다. 불이문의 기둥 역시 일주문과 같이 없는 듯 느껴진다. 끝없이 상승하는 계단으로 만들어진 땅이 불이문과 보제루의 지붕과 닿아있기 때문이다. 그 지붕 위로 하늘만이 있어 땅의 계단은 중간 세계가 없이 천상과 바로 닿아 있다. 압축된 느낌도 없이 압축된 효과만 있게 한다. 담장의 높이 역시 함축되어 있어 높은 나무와 함께 지향적이고 상승적인 느낌을 더하게 한다. 우주 속으로 집중시키며 빨려 들어가는 것 같은데 마치 우주의 모습이 그러하듯 편안하다. 천상의 세계에 올라가는 듯한 계단 길을 따라 불이문의 지붕을 통과하는 순간 모든 것을 사라지게 한다. 현실에는 없는 공간이며 그곳에 인간이 있어야 할 자리는 없다. 실물적 존재는 없고 마치 영혼만 있는 상태, 즉 시선視線만 있는 상태를 감지하게 한다.

눈을 감으면 오히려 존재감이 느껴지고 눈을 뜨면 존재감이 느껴지지 않는 이 공간은 자기를 잊어버릴 수 있는 것을 극대화시킨다. 마치 깨달음이란 '마음의 본체가 생각을 떠나 있음'을 말하는 허공계(虛空界)와 같이 그 묘한 서광의 분위기는 자기의식조차 사라지게 한다. 부석사의 안양루가 공간을 우주로 확대시키는 것 같은 것에 비해 이곳은 우주를 내부로 들여놓은 느낌이다.

불이문
결박과 해탈에 구애됨이 없이 격조와 정연함으로 신비롭다.

존재계를 자유롭게 하는
초월적 욕구

이곳은 천지를 압축시키듯 확연히 나뉘어진 모습으로 설정하면서도 파격적으로 강렬한 이미지 기법을 사용하여, 보편적인 통찰을 뛰어 넘어 양극적이고 이질적인 것의 통합을 실현하였다. 마치 천지의 한계선을 따라 그어진 것 같은 계단의 수평선들은 이 세계에서 다른 세계로 넘어가는, 땅과 하늘이 맞닿은 현실적인 연결점이 없는 선이다. 기초적인 대상성마저 무시한 설계로 지어진 계단 끝에 바로 닿은 지붕의 배치는 표상적 세계의 상(像)을 넘어서서 존재계 전체를 자유롭게 대상화 하고자 하는 초월적 욕구를 함축하고 있다.

 이러한 형식에서 나타난 이미지는 실제로는 양극이라는 것이 생명의 신비 속에서 하나로 통합되어 있다는 깨달음을 위한 미적 신비의 달성을 목표로 한다. 이질적 요소의 결합으로 지상의 세계에서 천상의 세계로 넘어가는 과정이 생략된 설정은 우주 역시 실제로 압축되는 물리적 모습을 가지고 있듯, 이 세계에 대한 특성을 더욱 부각시키는 것으로 생명의 고유한 측면을 날카롭게 간파한 것이다.

 아리스토텔레스는 "자연적 경험에서 인간이 도덕을 실현할 수 있다" 하였으나, 칸트는 "인간이 자신의 경험적 본성을 떠나 초경험적 본성을 실현할 때 비로소 선(善)을 행할 수 있다" 했다. 이것은 인간이 경험할 수 있는 자연적 경험 이상의 체험을 말한다. 절대적인 내면화의 길을 거친 초경험적 본성은 인간을 새로운 지평에 다다르게 한다. 초경험적 본성을 끌어내는 예술적 형식으로 구성된 미학적 통제들이 이곳에서 초월기 이미지를 불러일으키는 아무 명령도 가하지 않고 있다. 이곳 불이문 길의 이미지가 파격으로 관계하는 형식 분리의 이원적 지각은 느낄 수 있을지언정 그 누구에게도 확연하고 의도된 것으로 보여지지 않는 데 있기 때문이다. 그렇다고 해서 탁월한 은유를 사용하고 있는 것도 아니다. 단지 이미지 현상 그 자체와 대화하게 만들며 자연을 초월하는 파격을 사용하면서도 낯설지 않게 다가가 이성을 통한 자연과의 소통과 조화로 사물에 대한 근원적인 가까움에 도달하고

있다. 그리하여 자기 초월을 달성한 자유로운 자신은 세계를 자신의 영원한
현전으로 끌어당기며, 외적으로 경험하는 공간적 체험을 내적인 초경험으로
실현시키게 된다.

전체에 도달하는
삶을 잊는 삶

하늘로 향하는 균형 있게 상승된 계단을 따라 천지의 사이로 걸어올라
사라지는 납자(衲子)들은 마치 자신의 존재가 두 세계에 걸쳐져 있는 듯이 보인다.
한계선을 넘는 지각일까, 존재에 대한 망각일까, 또는 존재에 대한 깨달음일까.
이해할 수 없는 이미지는 모든 이론적 타당성을 거부하며 신비한 현존으로만
새겨지고 있다. 인간은 자신을 증명하고자 얼마나 많은 허구와 모순들을
만들어 냈는가. 분리되고 분석되어지는 동안 생성된 이원론적 양극성은 많은
순간 대립 속에 직면케 했으며, 생명의 근저에서 숱한 가능성과 불가능 속을
유동하게 만들었다. 파격적이나 충격적이 아닌, 극적인 순간에 맞닿는 극단적
기법으로 표상된 세계는 먼 천상으로 향한 공간적 범주를 제공하면서도
직접적 체험을 가능케 한 기적을 만들면서 경이로움마저 제거하여 최고의
편안으로 감싼다.

　　　　이 밝고 고요하며 신비로운 편안함은 양극단을 완전히 중화시키며, 지각
기능에서 이중 의미의 역동적 내용을 흡인해 버리는 직선의 길과 마당이 있어
가능하다. 순경이나 역경에 자재하고 결박과 해탈에 구애됨 없이 마치 순전한
속성들만을 함유하고 있는 듯한 격조와 정연함은 언어와 개념을 공간으로,
사고와 모든 꿈을 시공 가운데 자유자재로 전환시키며 힘의 동요에서 해방된
명현(明顯)함을 맞보게 하여 그 순간을 질적으로 다른 것으로 만들어 버린다. 마치
《열반경(涅槃經)》에서 "일미(一味)의 약이 그 흘러가는 곳을 따라 여러 가지 다른 맛으로
변화되지만 이 약의 진미는 산에 그대로 남아 있는 것"과 같이 하나의
신비로운 일식(一識)의 적멸(寂滅)과 같은 느낌이 드는 이유는 빛의 중화와 함께 있어
가능하다.

이곳에서의 빛은 근원을 알 수 없는 빛으로 구획을 이완시키고 흡수하여 긴장 없는 상태로 만들어 버린다. 빛에 따라 대상이 달라지는 것이 아닌 빛을 함유하고 스스로 내뿜어 대상을 흡수하여 빛도 사라진 공간에 존재를 현현(顯現)시킨다. 그와 함께 제한적인 지상의 주위 세계를 담장 안으로 수용하고, 마당의 내면에 스며들게 한다. 감정은 사라지고 분위기만이 가득하여 바라보는 이를 깊고 본원적인 비극과 법열, 고독과 절망감으로부터 해방시킨다. 이곳은 건축을 통해 세계를 재구성한 것이다. 삶을 살아감에도 삶을 잊으며 모든 상대적 인식과 대립은 사라지고 존재감조차 없어진 아름다움만이 남게 된다.

　　마치 지상의 산정우물에 범천(梵天)의 물고기가 살 듯, 현재 상태를 끌어 올리는 연속 계열의 파격과 빛의 중화 속에서 자신의 상태들은 전체에 도달한다. 우주의 이념에 대항하는 듯하나 이것은 일반적 예술의 수법처럼 주관적인 인간의 경험적 속성을 자연 속으로 투사(投射) 시키는 것과는 차원이 다르다. 마치 중간 지대가 없는 우주적 속성을 깨달음으로 알아내어 현상화 시킨 듯한 존재는 우주적 조화와 균형감에 부합된다. 현대적 표상으로 나타나 관계하고 소통하나 안온함으로 가득하여 자연의 설명뿐 아닌 인문으로 이룬 환상이 동요 없이 드러난다. ◎

금정산의 하늘 우물
지상의 세계이나 천상의 세계일 수 있는 이유는 시공(時空)을 초월해서 존재계 전체를 자유롭게 대상화 하려했던 동양인의 초월적 자유 의지 때문이다.

일주문으로 내려가는 길
건물의 지붕만이 내려다보이는 대웅전 영역은 천상의 영역인 듯 공간적 범주를 제공한다.

23 범어사 불이문

⊙ 종묘정전

허공에 뜬 일획 같은 긴 건물과 월대는 천지와 화합하는 듯 혼혼묵묵하고,
기교 없는 천음의 소리를 연주하는 듯하여 그 형체와 공간은 밝고 텅 비어
빛을 타고 사라진다.

ⓒ 사진 배병우

침묵과 작위

중천中天에서 밝은 구름의 집

종묘
정전

회랑을 통해 보는 월대의 지평선은 시간성을
넘어서 모두를 자유롭고자 하는 충동으로부터
발생한 듯 지상이 아닌 천상의 중심(中天)으로
통합된다.

종묘정전 전경
진입부, 하월대, 상월대로 나누어진 세 영역은 다양하게 나누어 지나 아무런 작휘도 없고, 아무것으로도 나눈 바 없는 월대로만 존재한다.

종묘정전 회랑
똑같이 반복되는 기둥의 회랑은 무한한 흡수력과
장중함 속에서 인간의 체험을 새로운 차원의
실재로 이끈다.

유학을 국시^(國是)로 하여 건국한 조선은, 유교적 덕화^(德化)의 전통으로 "조상을 받들어 모시어 그 신을 편안하게 하는 곳"^(寢廟所以奉組老而安其神)인 종묘를 두고, 추존된 역대 제왕과 후비의 신위^(神位)를 봉안하여 제향^(祭享)을 봉행하였다. 1394년 천도를 결정하고 1395년 한양 땅에 가장 먼저 지었던 7칸의 정전은 4칸씩 3번을 중수하여, 1834년 19칸으로 확장된 긴 기와지붕과 툇칸^(退間)의 깊은 그림자로 인하여 허공에 그은 일획의 건축이 되었다. 그 지붕 아래 월대에는 거친 박석만이 깔려 시간과 공간의 경계를 초월하여 있을 뿐이다.

"한 번의 그음이란 뭇 존재의 뿌리요, 온 모습의 근본이며 무법^(無法)의 법으로서, 천지자연의 오묘한 이치를 표현한다"는 그 신운^(神韻)같은 한 획의 긴 건물이다. 대범하기 그지없는 사각의 평면^(平面)을 만든 도도함의 궁극적 이상은 무엇이었을까? 병렬적인 정위^(定位)로 이루어진 정전의 정조^(情調)와 외관은 웅숭하게 느껴지는 연속성으로 인해 사자^(死者)의 장중함으로 접신^(接神)의 느낌을 수반한다. 각 칸에 담긴 혼의 영위는 분절적이지 않은 영속성으로 인하여 새롭게 연결되는 환중환^(環中環)을 이룬다. 지상 같기도 하늘 같기도 하며 과거와 현재, 영원이 유기적 일체가 되어 명조^(明朝)의 선왕과 함께 하는 곳으로 피상적인 관조를 넘어서 현존을 성스러운 존재와 함께 하려는 도덕적 의식으로 이끌며, 지엄하나 경직되지 않은 위엄으로 감싼다.

기교 없는 천음^(天音)으로
신을 부르는 공간

인간에 대한 인간의 심오한 신성을 지향한 유가적 종교는 존재의 보다 숭고한 영역을 현실적으로 이해하며, 인간의 삶 속에 우주의 영혼과 성화한 인간의 신이 있다. 죽은 자는 죽은 자가 아니라 후손으로 인하여 육체적 영속성이 이어지는 실재이며, 밖으로는 우주의 본성으로 돌아가 일체와 화합하는 존재였다. 망자를 위한 종묘는 살아 있는 인간과 하늘로 대변되는 신이 함께하는 천^(天)과 지^(地)가 화합하는 공간이다. 사자^(死者)의 세계에 들어가기 위한 침묵과 영원의 길인 이집트 핫셉수트^(Hatshepsut)의 장제전 등과는 달리 삶과 죽음이 둘이 아닌, 하늘과 땅이 참의하는 우주적 중심으로 자리하고 있다. 시작도 끝도 없는 침묵의 시간 속에서 시간은 정지되어 있는 것처럼 보이고, 순간의 완성이 영원한 것처럼 공간의 영원성이 통시적으로 이룩된 무시무공(無時無空)의 무한 공간으로 예(禮)적 심미주의를 발현시키며 초욕(超慾)의 희구를 만들어 낸다. '예술 없는 종교는 분명치 않은 것이 되고, 종교를 배제한 예술은 영향력이 큰 주제들 가운데 일부를 잃게 되는 것'처럼, 완성이자 가능성의 미완으로 고도로 발달한 종교성과 예술성의 합체적 구현으로 존재한다.

《장자》의 〈천지〉편에 "상신(上神)은 빛을 타고 그 모습이 사라진다. 이것을 일러 밝고 텅빈 조광(照曠)이라 하고, 만사가 사라져 본래의 실정을 회복한 것을 어둡고 어두운 혼명(混冥)이라 한다" 하였다. 유가 역시 인간의 사유에 의해 만들어진 이상적이고 인공적인 형태의 건축보다는, 건축의 구조와 재료의 본성이 자연스럽게 노출되어 시간과 공간 조직의 관계로 스스로 형태가 드러나는 이(理)와 기(氣)의 형태를 추구하였다. 마치 무상(無常)으로 조화(造化)를 부리는 자연처럼 종묘나 문묘제례악은 가공되지 않은 나무와 흙, 쇠 등의 평범한 자연의 재료를 악기로 사용하여 기교 없는 원음(原音)으로 신을 불러 상합(相合)하는 천음(天音)의 소리를 희원한다.

건축 역시 아무런 작위도 없이 혼혼묵묵(昏昏默默) 하였다. 그러한 공간의 실현을 위해 종묘는 진입부·하월대·상월대의 수평적 세 영역과 지붕·월대·대지의 수직적 세 영역으로 나누어져 있다. 그러나 대부분의 전통 건축이 그러하듯 세 영역으로 나눈 모호한 영역은 한 영역을 다시금 세 영역으로 나누어 가장 적은 나눔으로 가장 다양한 변화를 일으켜, 나누어도 다함이 없으며 동시에 전체적으로는 아무것도 나눈 바 없는 넓은 월대만으로 존재할 뿐이다. 그것은 부분과 부분, 부분과 전체, 그리고 부분의 아무 것도 없는 무(無)의 여백으로 각자의 관계성을 이룩하여 지붕 위의 숲과 하늘의 반복적 장치와도 끝없이 연결되어 있다.

월대의 박석
정전에서 질서정연한 박석들은 점차 흩어지듯
구성하여 구름처럼 생동감을 느끼게 한다.

동월랑에서 보는 월대
정면의 박석은 질서정연하나 오른쪽의 박석들은
점점 흩어지며 거칠어진다. 이와 같이 보는
위치에 따라 각각의 장소가 중심이 되게 만드는
디지털적인 체계로 박석이 포장되었다.

무변무제한 천상의
구름바다

시작과 끝이 없는 건축의 형상은 존재하지 않는 듯이 존재하며, 검은 지붕의
흔적으로 공간적 무(無)를 이룩한다. 상세한 기교와 비례도 없으며, 계속 증축하여
왔듯 더해도 덜해도 완전한 채로 영원하다. 이 무게 없는 고요한 지평의
반향은, 황홀한 영적 교통으로 망아적(忘我) 찬미를 이루는 종교 모습 이전의 우주적
경건함의 실제를 경험케 한다. 키츠는(John Keats) "천상의 예술가는 일월성신, 지구와
지구의 내용물들을 이보다 더 영묘한 사물들을 형성하는 소재로 간주할지도
모른다"고 하여 예술가에 의해 창조되는 사물의 영적 가능성을 말하였다.
무한한 흡수력과 부유하는 장중함 속에서 인간의 체험을 새로운 차원의
실재로 이끌며 세속과 동떨어진 분위기를 흩어내는 천상의 월대는, 모든 것이
본래의 적도(適度)임을 깨닫게 하며 하늘 위에 떠 있는 천상의 집을 실현하고 있다.
월대가 대지보다 1미터 가량 높다고 하늘인 것은 아니며, 돌 위에 구름의
형태를 조각하였다고 구름이 되는 것은 아니다. 바닥에 깔려 있는 평범한
박석들은 일본의 선(禪)의 정원과 같은 물결 형상의 자갈은 없으나 바닥에 거친
듯 무심하고 정연히 흩어 놓은 듯한 디지털적 체계로 인하여, 움직이지 않으나
파도와 같이 끝없이 운동하는 구름의 바다를 실현하여 대지를 초월한(越臺) 월대가
되었고, 구름 위의 하늘이 될 수 있었다.

신실에서 툇칸을 거쳐 밖을 바라보면, 상월대에선 직선으로 깔려있다
하월대에선 멀어질수록 점차 거칠게 흩어져 가벼운 구름처럼 끝없이 생동하는
돌들을 볼 수 있으며, 경사지고 둥근 월대의 단면으로 끝의 경계가 보이지
않는 무변무제(無邊無際)의 운해(雲海)를 주시하게 된다. 그러나 월대의 돌로 실현한 구름은
정전의 한 방향에서만 피어오르는 것이 아니다. 동월랑에서 바라볼 때는
흩어져 있던 돌들이 질서정연하게 바뀌며 반대편으로 구름이 아득히 일게
하고, 정전 방향에서는 보는 모든 곳이 중심이 되어 정면과 양쪽으로 구름이
펼쳐진다. 고정적 시각에서 바라보는 대상의 리얼리티가 아니라 모든 시점에서
변화무쌍한 구름의 경지를 이룩한 월대는, 돌로서 존재하지 않는 관계적
실체로서 하늘의 무한 공간을 이룩한 관념과 실재의 공간이다.

침묵 없이 침묵하는
명묵明默의 공간

이러한 묘정월대 위에 부유하듯 떠 있는 정전은, 깃털 같이 헐거운 구름처럼 흩어지고 재구성하는 월대로 인해 천상의 건물로 느껴진다. 가장 무겁고 거친 돌의 자연스러운 분할로 무엇보다 섬세하며 저항과 긴장 없는 질서의 본질로 존속한다. 범속한 재료로 광범위한 영역을 획득한 경지로, 낯익으면서도 흔한 가치를 예술적 표현과 형식화에 의해 변형시킨 것이다. 돌을 구름으로 변형시켜 정전과 융합하고 천상 저편의 성스러운 실재를 구현한 월대는, 신성함과 종교적 초월성의 근거를 제공한다. 그리하여 구름의 바다에서 바라보이는 담은 상월대보다 아래에 있어 더 이상 담이 아니며 담 밖의 세계를 끌어들여 월대를 확장한다. 그 깊이와 넓이를 헤아릴 수 없는 월대에서 바라보는 하늘은 이곳이 우주의 중심으로 느끼게 만들고, 그 중천中天의 하늘은 월대의 사각형 수평 틀에 의해 하늘도 비어 있는 천공天空이 된다. 그 자체가 완전한 공간인 천상에 존재함으로 구획이 필요 없다. 공간의 구획이 존재하지 않으므로 공간이라는 건축적 본질을 뛰어 넘어 공간 그 자체로 일체하며 말이 없다.

그러나 월대에 하루 종일 내비치는 빛의 침묵은, 중국인들이 즐겨했던

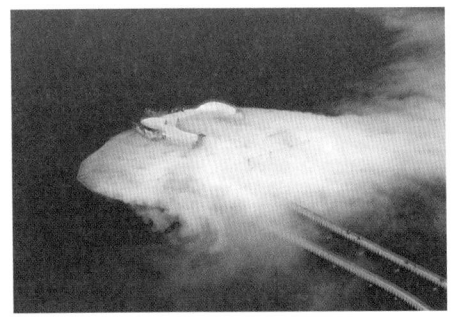

Blur 빌딩
호수 위에 떠 있는 건축으로 안개를 뿜어내어
건축은 드러내지 않고 감추나 직접적 체험을
가능케 하는 환상의 구름으로 표현되었다.

대나무 숲에 비친 석양의 반묵(反默)이 아니며, 물에 비친 달그림자를 즐긴 일본의
적묵(寂默)도 아니다. 밝은 햇빛만이 가득하여 사라지는 밝고 텅빈 명묵(明默)의 광경(光景)이다.
'최고의 경험은 자아와 대상, 사건과 세계 사이의 완전한 상호침투를 의미한다'
할 때 천상과 지상, 과거와 현재 그리고 영원의 무시간성 속에서 일획으로
이룬 정전의 침묵은 총체성을 향한 거대한 연합과 우주적 포용을 느끼게 한다.
이 예술적 성화로 걸러진 역사의 연쇄 영역은 그 미완의 성격으로 인해 언제나
열려 있다. 마치 실제의 역사가 그러한 것처럼 완성과 한계가 없다. 서사적
역사를 이루는 하나의 일관된 전체로 구성되며, 역사의 전달과 함축으로서의
예술을 극적으로 내포한다. 이 유일성에 의한 독특한 분위기는 선왕의 신들을
모신 구조물과 건축과 모든 것을 하나의 총체적 위엄으로 현존케 하는 시원을
모르는 시간의 집으로, 계속해서 증축되는 역사의 알레고리이다.

    규칙적인 기둥의 성층(成層)들은 제의(祭儀)와 결합되어 미적 신화적 통합을
이루고, 병렬을 품은 일획은 끊임없이 생성하나 불변하는 우주와 같은
불멸로 인식되며, 구부린 듯 바른 월대의 지평선은 시간성을 넘어서, '종교와
예술 모두 자유롭고자 하는 충동으로부터 발생'함을 체득하고 있다. 이러한
종묘만큼 진정 자유로운 형식을 보았는가. ◎

무질서한 거친 박석
월대의 끝부분엔 거친 박석들을 흩뿌려 놓은 듯
구성하고 전체 면을 둥근 듯 처리하여 박석들이
살아 움직이는 듯 느껴진다.

한국 전통 건축의
명장면 24선

01 병산서원 만대루

만대루의 사방으로 활짝 트인 빈 공간은 무한 공간이 되어 답답하게 막아선 병산을 없는 듯 비어 있게 하며 산음으로 시야를 맑게 틔운다. 마루와 지붕 사이의 빈 공간을 수평으로 흐르는 낙동강은 천강이 되어 공중으로 잔잔하게 천지 저 밖으로 아득히 흐른다.

02 담양 면앙정

대사헌을 지낸 송순이 건립한 면앙정은 검박한 초당 한 칸에서 자연을 품에 두고 즐기면서 마치 우주를 제집처럼 느끼며, 청풍과 명월을 들여놓고 사는 신선의 공간으로 지어진 조선 선비의 미학이 구현된 정자 건축이다.

03 해인사 장경각

〈팔만대장경판〉의 법보를 봉안한 장경각의 건축은 아무런 장식이 없는 맞배지붕의 건물로서 단청조차 있는 듯 없는 듯한 빈 공간일 뿐이다. 드러나지 않은 평범한 외관의 건축으로 불법을 외호하며 부처님의 법을 만나도록 사람들을 이끈다.

04 여수 진남관

인간의 모든 욕망을 버리고 비움으로 영원한 것을 확보한 진남관의 공간은 있음과 없음을 동시적으로 실현해 낸 조형이다. 이곳에서는 신이 우주를 창조해 낸 감동보다 더 큰 허공으로 지어낸 인간의 감동을 느끼게 한다.

05 화암사 우화루

아무것도 없는 텅 빈 누각으로 지어진 우화루에는 건물과 허공이 만나 바람과 먼지가 함께 떠다닌다. 건물로 둘러싸인 작은 마당에는 빛의 꽃비가 쏟아지며, 영겁의 시간으로 인도한다. 건축은 유구한 세월 속에 인간과 함께 존재하며 진실을 이야기한다.

06 부석사 안양루

비례와 형태, 배흘림기둥의 건축으로 아름다운 무량수전과 달리 안양루는 아름답고자하는 의지에서 벗어나 평안과 화평 그 자체로만 존재한다. 존재를 떠난 본연의 실상으로 禪을 눈으로 보는 듯, 숭고하고 고귀한 천상의 건축이다.

07 수원 화성

화성은 혁명적 열정만으로 지은 막연한 유토피아가 아니다. 인문·철학을 바탕한 문화적 이상형의 도시이자, 진보적 학자들의 산업진흥론을 받아들여 조선 사회의 사회·경제적 번영을 선도해 나가려는 의지로 계획된 개혁의 신도시였다.

08 선암사 심검당

일상이 곧 수도인 승려들의 삶을 담는 덤덤한 그릇인 심검당은 아무것도 의도하지 않음으로써 그 어떤 의도로부터도 자유롭게 인간을 위하는 삶의 장소이자, 예술적 공간이 되었다. 연연하지 않으므로 충만한 삶과 영구성을 획득한 숭고한 공간이다.

09 경복궁 경회루

우주의 원리를 적용하여 지은 경회루는 스스로 조화를 이루는 우주가 되어 다시 우주를 품는 가슴 벅찬 환희의 건축이 되었다. 인간이 조영했으나 아무도 알 수 없는 세계가 되어 버린 신의 건축으로 조선의 왕들은 이 천중의 공간에서 정사를 펼쳐 창성하려 하였다.

10 화엄사 각황전

대웅전보다 70년 늦게 세워진 각황전은 규모는
크지만 절제를 통해 대웅전을 선명하게
부각시킨다. 마당 주변의 모든 건물들은 각기
화려하나 조화로서 통합되어 전체와 하나가
다르지 않은 무이의 법성을 표현한 화엄법계가
되었다.

11 창덕궁 부용정

한 칸 크기의 정자인 부용정은 작은 연못에
어울리면서도 내부에서는 크기를 알 수 없는
무한 공간을 실현하고 있다. 작은 것으로 큰 것을
향하는 회소향대의 작음에 머물지 않고,
물 위에 있으면서 하늘 위에 떠 있는 듯한 천상의
누각으로 한국미의 전형을 보여준다.

12 송광사 우화각

우화각은 공간을 점유하는 구조물로서의 존재가
아니다. 깃털처럼 날아오른다는 의미의 이름처럼
한없이 가벼워 하늘로 오르며, 땅으로도 스며들어
중심과 자아를 없애고, 주변과 살아 움직이는
관계를 맺으며 변화하는 모습을 보여주는 선, 그
자체이다.

13 도산서당과 전교당

도산서원은 경의 철학을 완성하는 천계이다.
전교당 높다란 대청마루에 앉으면 지붕 위로
무한한 관조의 하늘만이 보이며, 깨달음의 구도
공간으로 천의를 따라 성학이 완성되는 공간적
상황을 보여준다.

14 법주사 팔상전

법주사 팔상전은 추상 정신을 통하여 불성의
진리를 예술적 아름다움을 지닌 목탑의 건축으로
표현한 무실용의 탑이며, 동시에 깨달음을 향한
실용적 장소로서 인간의 일상과 삶을 포용한다.
이는 무용으로 이룩한 숭고한 실용으로 보다
아름다운 통합체를 만드는 절대 추상이며,
건축으로 이루어 낸 미의 기적이다.

15 담양 소쇄원

맑고 깨끗한 세상을 염원하는 인간 본연의 욕구가
'선비'라는 시대의 예술가를 만나 공간으로
실현된 정원이 소쇄원이다. 이곳에서 정쟁의 시류,
현실의 좌절을 자연의 생생한 가치와 미적 세계로
치유하여 새로운 기쁨과 편안함을 얻고 그들의
도학적 심성을 일깨우며, 세상을 다시 볼 수 있게
하여 치평의 도를 염원하도록 하는 맑은 선계이다.

16 봉정사 영산암

영산암 내부 좁은 대지 위에 지어진 법당, 송암당, 승방채, 삼성각, 마당, 괴석과 소나무들은 각기 예불, 삶, 장식을 위한 개체 공간으로서의 역할과 함께 서로가 생동하며 연결되는 총체적 그물과 같다. 시점에 따라 연속적으로 변화하며 자연스럽게 서로를 자기 것으로 만들며 무한 공간과 아름다움의 선을 체험하게 하는 곳이다.

17 창경궁 문정전과 숭문당 회랑

숭문당, 명정전 앞의 회랑은 스스로 밝은 덕을 깨닫게 하는 곳이다. 질서 정연한 기둥과 빛들로 구획된 밝은 회랑은 내면의 고요함으로 침잠하여 모든 빛과 소리가 사라진다. 보이지 않는 빛과 소리의 심미적 깨달음을 위한 자득의 공간에서 왕도를 위한 건축적 외경을 본다.

18 통도사 대웅전

통도사 대웅전은 창문을 통해 보이는 푸른 숲 배경의 석등 위에 연꽃 조각으로 진신 사리의 상징성을 나타내는 건축적 장치를 통해 부처님을 실현하였다. 대웅전의 건축은 인간의 힘으로 이룩한 불성의 실현이며 부처님을 현존하게 하는 종교 건축이 이룩한 최대의 건축적 희열이다.

19 양동마을 심수정

심수정의 방과 마루, 누각의 공간들은 독특하게 구획되었으며, 'ㄱ'자로 꺾인 대청마루로 인해 전체가 투명한 구조로 연장된다. 공간들은 건축적 사물을 넘어 물과 같이 부드럽고 자연처럼 생생하게 무형으로 실재하는 생명체와 같다. 심수정은 투명한 허의 모습으로 존재하는 아름다운 생명체이다.

20 불국사 범영루

범영루를 중심으로 한 불국사 다섯 누각과 계단은 높이와 형상이 각기 다른 비대칭이지만 모든 시점에서 장대하고 완전한 대칭적 형태를 보게 되는 심미적 체험을 제공한다. 김대성이 이룬 불국토의 참모습은 시간과 공간의 위치에 따라 생명의 원리처럼 변화하는 비례를 완성한 비대칭의 건축 만다라이다.

21 창덕궁 인정전

인정전은 덕을 통치이념으로 하는 조선 왕조의 예술적 산물이다. 인이란 '덕의 완성'으로 유학의 도이며, 도의 원리가 그러하듯 인정전은 그 아름다움이 올바르고, 스스로 미를 품어 내는 건축으로 실현되어 천하를 교화할 수 있는 상징성을 보여준다. 덕을 갖춘 인정전의 미는 진정 고전 예술이 갖는 미덕이다.

22 거조암 영산전

고려 시대 건축인 영산전은 지극히 평범하여
아무 것도 추구하지 않은 무의도와 무작위의
건축이다. 건축이기보다는 선의 현시이며 애당초
아무것도 보이려고 하지 않은 무의 건축이었지만,
변해 버린 이곳에서 더 이상 말로 전할 수 없는
잃어버린 사찰을 만난다.

23 범어사 불이문길

천왕문에 들어서며 바라보는 불이문을 향한
길은 신비롭게 상승하는 직선의 길이다. 끝없이
상승하는 계단은 불이문과 보제루의 지붕과
맞닿으며, 지붕 위에 하늘이 있어 땅의 계단이
천상으로 바로 연결되는 극적인 장면을 연출한다.
이곳에서 참배객들은 천상을 향해 오르는 직접적
체험의 기적을 경험할 수 있다.

24 종묘 정전

종묘 정전 넓은 월대의 바닥에 깔린 평범한
돌들은 움직이지 않으나 파도와 같이 끝없이
운동하는 구름의 바다를 실현하여 그 위에 세워진
정전을 천상의 건축으로 느껴지게 한다. 하루
종일 밝은 햇빛만이 가득하여 흔적 없이 사라지는
밝고 텅 빈 명묵의 광경이다.

한국 건축의 공간적 해석

김개천

일찍이 동양 예술 정신의 기반을 이루었던 노자와 장자의 언어, 그리고
불가의 언어와 성리학의 인문학적 용어들은 객관적이고 분석적이며 합리적인
표상으로 지칭하여 설명되어지는 방식이 아니었다. 우주의 본성을 통찰하고자
한 천지의 도(道)에 대한 성찰은 언어로 설명되기에는 불가한 대상이었기에
논증적이기보다는 문학적 표현의 시적 용어로 가득 찬 언어를 사용하였다.
단어 자체도 마찬가지로 이를테면 '예(禮)'와 같이 하나의 개념어로 지칭된
글자들은 문화에 대한 전반적 이해 없이는 올바른 의미전달이 이루어지기
힘들었다.
   철학자들에게 궁극이었던 도의 의미 또한 장자가 "대도(大道)를 불언(不言)의
대미(大美)"라고 말한 것에서도 알 수 있듯 형이상학적인 용어가 아니라 미학적으로
인지된 개념이었다. 일반적으로 동양의 텍스트들은 그것이 철학서인지
문학서인지 알 수 없을 정도로 심미적인 용어들이 가득하다. 마치 예술이란
매체가 그 자체로 수많은 의미를 함축함으로 인간에게 최고 수준의
커뮤니케이션을 제공하는 것과 같은 이치로 언어 자체가 심오하며 많은 뜻을
함축한 시와 같은 예술어로 사용되었다. 이러한 대미를 우주에 충만한 이(理)와
기(氣)의 생명체계로서 '자연이연(自然而然)의 미학'으로 표현하려 했던 한국 건축 역시
사유를 초월한 사유와 상상력 안에서 비로소 건축이 가능할 수 있었음을
시사한다.
   맹자는 "성스러워서 남이 알 수 없는 것을 위신(爲神)이라 한다"하여 알고
이해하려 하는 물음에서조차 떠나 인간이 '알 수 없는' 것에 대한 영역을
거론함으로 사유의 근본 한계를 지적한다. 이러한 깨달음을 통해 비로소
건축적 디자인이 가능하게 되었다. 작품의 생성과정 또한 보다 근원적인
물음들 속에서 이루어졌으며 철학적 사유와 예술적 상상력이 분리되지 않았던
건축적 작업들은 인문학적 소양과 예술적 창조력을 동시에 지녔던 건축가들에

의해 이루어졌다. 불국사를 지은 김대성, 수원 화성의 정약용이 그러하고 퇴계가 그러했다. 이들의 전공은 인간과 우주에 대한 대도를 깨치고자 한 통합적 학문이었기에 세계를 열어 보여주는 기능을 건축적 재현으로 발휘할 수 있었다.

  한국의 건축은 서구의 건축과는 근본적으로는 같다고 할 수 있으나 다른 조형적 의도와 구성 체계를 갖고 있다. 디자인의 의도가 다른 방식으로 시도되었다고 말할 수 있는 것이다. 이러한 한국 건축을 해석함에 있어서 동양적 사고방식에 대한 근본적인 이해 없이 단지 서구 건축학의 논리적 개념을 도입하여 건축적 의도를 정확히 포착하려 한다는 것은 오히려 무한한 가변성을 가진 우리 건축의 상징적 공간 해석을 그릇되게 할 우려가 있다. 공간을 분석적으로 아카데믹하게 접근하기에 앞서 우선 한국 건축이 동양적 전통의 통합적 미를 구현하고자 한 예술 매체이자, 그 예는 곧 도(道)였다는 사실을 먼저 인지하여야 한다. 그리하여 미(美)란 것의 속성과 그에 대한 설명을 재고할 필요가 생기게 된다. 근자에 이르러 미를 보는 현대 철학의 시선이 마치 동양의 함축된 미적 정신과 같은 맥락에 있는 것 같은 느낌을 받는다.

  미는 이성에 앞서 지각으로 먼저 인지된다. 건축적 재현이 미로 발화된 시점은 건축이 인간과 마주친 지점에서 생성된 것으로 이것은 건축과 인간과의 종합적이고도 총체적인 관계형식으로 설명된다. 즉 미적 산출이 이루어지는 지점에서는 즉각적 지각인 미에 대한 전체적 경험이 우선시 된다. 공간적 감응은 더욱이 전체적이어서 어떠한 설명적 구도를 가지기 힘든 성질이 있다.

  이러한 소통방식에서 공간적 설명이란 과연 어떠해야 하는가? 가장 정확하고 분석적인 언어로 세계를 이해하고자 했던 서구의 철학적 사유조차 분석 진술로는 이 세계를 설명할 수 없다는 스스로의 한계에 다다라 시적 언어로 방향을 전환한다. 그리하여 현대 철학은 논증적으로는 풀어서 설명할 수 없는 전체적인 사고로 대응하기에 이르러 응축적 구도를 가진 이른바 들뢰즈의 '홀드적(Fold) 사고방식'으로 대체된다. 이는 자족적이며 자기 반영적인 시적 언어라고도 할 수 있다. 마치 "먼지도 생을 가진다"라 말한 괴테와 유사한 철학자들의 사유 양태는 무한하고도 넓은 사유의 변역을 생성하였다.

문제는 해석의 개념 언어들이 얼마나 정확한가가 아닌 얼마나 '설득적'인가의 문제로 전환된다.

　　　언어를 객관적 의미를 전달하는 매체로 보는 논리적 입장을 고수했던 하이데거도 후에 정보 전달의 의미 산출 과정이 이러한 과정에 있지 않음을 알고 미학적 언어인 시적 언어로 그의 사유 방식을 바꾼다. 후기 하이데거의 언어가 예술적 언사들과 같은 목소리를 내며 '닫힌 개념이 아닌 열린 개념'으로서의 예술과 필연적으로 조우하게 되는 것이다. 이러한 예술의 의미 과정들처럼 실제로 다른 예술적 창조 작업들과 마찬가지로 건축적 디자인 역시 아이디어의 논리적이고 순차적인 설계 작업의 수순을 밟지 않는다는 것을 인지할 필요가 있다. 미의 지각과 해석이 필연적으로 논리적일 수 없는 것처럼 건축 공간에 대한 해석 역시 비논리적인 근본적 생성 방식에 기인하므로 여러 방식의 설명에 열려 있어야 한다. 철학 언어로 설명되는 세계에 대한 진술이 그러하고 여기서 따로 떼어 설명할 수 없는 예술이 그러한 것처럼 건축이 그러하다.

　　　고전 시대의 동양은 시대 전체의 통합성으로 인해 그 속에서 일궈낸 전통 건축의 속성마저 전체적인 접근방식으로 해석할 수밖에 없게 한다. 니체에 의하면 이것은 궁극적 해석에 맞닿아 있다. "예술이 삶의 최고 과제이며, 본래의 형이상학적 활동"이라 하여 철학과 예술 자체를 따로 떼지 않고 문화의 관점에서 재해석 하였던 니체는 그의 철학적 언사를 가변적이고도 신화적인 꿈을 좇아가게 함으로 현대 철학의 소통 방식을 열었다. 그의 이러한 관점을 돌아보면 소크라테스 이전의 철학이 예술의 영역과 따로 분리되지 않았던 그리스 시대를 철학과 예술의 본질적 친화 관계를 가진 통합적 시대로 보는 데 궁극적 시각이 존재한다. 이것은 인문과 예술이 본래는 한 가지로 기능하던 통합적 시각이었던 인간의 사유가 철학이라는 인식론의 '방법적 회의'의 과정을 거쳐 분화된 덜 완전한 것에 불과했다는 면모를 시사한다. 그렇다면 철학이라는 동양에서는 존재하지도 않았던 학문 분야의 언어마저 재정립되어야 함은 물론 기존의 분석적 언어로는 한국 건축을 얘기할 수 없다는 말이 된다.

　　　전통 시대의 건축가 또한 집을 짓는 전문적인 직업을 가진 지금과 같은 개념의 건축가가 아니었다. 한국 건축은 굳이 건축가랄 수 있는 장인, 목수만이 설계할 수 있는 건축이 아니었으며 그렇다고 누구나 설계할 수 있는 건축은 더욱 아니었다. 예술과 철학, 그리고 삶의 실질적 참여 방식에 능했던 인문학적 심미안을 가진 사대부 등이 설계에 실제로 참여했으며 그들의 의견에 의해 조영되었다. 그리하여 더더욱 그들의 정신적 가치와 취향을 드러내는 건축으로 완성되었다. 그렇기에 공간 해석 자체가 단순한 건축적 구도 설명으로는 전달이 안 되는 것이다.

한국 건축에 관한 논의와 담론은 인간에게 허용된 무한한 상상력의 토대를 제공하는 최고의 예술적 형태로서의 사고와 접근을 필요로 한다. 표현과 예술적 태도만이 존재하는 표피의 예술이 아니기에 논리적이거나 인식론적으로 읽히지 않고 오히려 이것을 읽는 사람 각자에게 풍부한 방식으로 읽힌다. 나 자신이 건축가임에도 한국 건축을 볼 때마다 이른바 '건축적'인 것이라기보다는 '건축 외적'인 것에 더 크게 감화됨을 느끼는데, 그것이 오히려 좋은 건축이 제공하는 건축에 내재된 진정 건축적인 것임을 알게 된다.

이것은 건축 해석의 정확함이 존재한다기보다 건물 자체가 해석의 무한한 변역을 생성한다는 것을 의미한다. 종묘 건축의 부유하듯 장중하며 더해도 덜해도 완전한 채로 영원한, 관념과 실제가 공존하는 예혼(藝魂)의 공간을 어떻게 정확한 언어로 설명할 수 있단 말인가. 오히려 위대한 작품일수록 정확하고 분석적인 진술을 거부한다. 이러한 한국 전통 건축이 가진 내재적 힘은 나에게 '만해사'라는 이 시대에 새로운 외형을 입고도 그 정신을 담을 수 있는 또 하나의 변역으로서의 현대 건축을 설계할 수 있도록 이끌었다. 전통이란 이름으로 경직된 외피를 제거하고 디자인 자체가 정신을 유도하며 정신을 생성하여, 살아 있는 전통으로서의 가치를 이 시대와 연계된 연속선상에서 재현코자 시도하였다. 파격이면서도 단절되지 않은 전통 건축과의 공간적 동질성이 현재한다면 그것은 한국 건축의 또 다른 모습이다.

한국 건축의 공간에는 예술 안에서 무한할 수 있는 정신이 존재한다. 그러기에 다양하고도 무한한 해석 역시도 가능하다. 문제는 그러한 건축에서 우리가 얼마나 깨달을 수 있는가? 라는 물음으로 귀결될 수밖에 없는지도 모르겠다. ◎

— 관조 스님을 추모하며
한국 전통 건축의 철학과 아름다움,
그 본질에 대한 표현의 구극

이내옥 전 국립 춘천박물관 관장

하늘은 푸르러 더욱 맑고 바람은 불어 차가운 늦가을, 관조당 성국대선사께서 홀연히 눈을 감고 깊은 원적(圓寂)에 들었다. 때는 2006년 11월 20일이니, 세수는 64세요 법랍은 47세다. 편치 않으시다는 전갈이 있은 지 얼마 되지 않아 하늘이 스님의 목숨을 바람처럼 앗아갔다. 이로써 보건대, 하늘은 선한(善) 사람을 시기한다는 말이 바로 우리 관조 스님을 두고 이른 것임을 알 수 있다.

스님의 속성은 고성 이씨(固城李氏)로 1943년 청도에서 출생하였다. 14세의 어린 나이로 출가하여 18세에 범어사에서 동산스님으로부터 성국(性國)이라는 법명으로 수계하였고, 은사이신 지효스님으로부터 관조(觀照)라는 법호를 받았다. 29세에 해인사 승가대학 제7대 강주를 역임하고, 이어 30대 초반 범어사 교무국장과 총무국장을 맡았다. 그러나 이후 평생 어떠한 직책도 맡지 않고 오로지 수행에만 정진했다. 따라서 스님께서 도달하신 그 깨달음의 경지는 누구도 감히 쉽게 엿볼 수 없게 되었다. 한학자 집안에서 태어난 스님은 어려서부터 『사서삼경(四書三經)』을 수학하고, 출가해서는 강원에서 경전과 어록을 번역하며 강학에 힘썼다. 그러나 학식이 높아갈수록 그 언설의 번쇄함을 깨닫고, 마당 쓸고 차 마시는 그 가운데 부처님의 참된 진리가 있음을 체득하게 되었다. 스님께서 만년에 이제 모든 것을 다 잊었다고 하신 말씀이 바로 그것이니, 스님의 말씀은 간략하고 거동은 낮아 오르는 듯 소요(逍遙)했다.

관조 스님은 지금과 미래가 영상(映像)의 시대가 될 것임을 간파하고, 사진예술을 깊이 자득(自得)하여 거기에서 부처님의 진리를 찾으려는 별원(別願)을 세웠다. 그리하여 스님이 사진으로 표현해 낸 모든 사물은 보는 이들로 하여금 거기에 불성(佛性)이 담겨 있음을 느끼고 묘오(妙悟)를 감지하게 하였다. 스님의 사진을 보고 감탄하고 좋아하는 사람들이 점점 늘어갔다. 1980년 첫 영상집 『승가』에 이어서, 『열반』, 『이끼와 바위』, 『자연』, 『수미단』, 『꽃문』, 『대웅전』,

『생멸 그리고 윤회』, 『불단장엄』, 『경주남산』, 『사찰벽화』, 『한줄기 빛』,
『가보고 싶은 곳 머물고 싶은 곳』, 『사찰꽃살문』, 『님의 풍경』, 『명묵의 건축』,
『사천왕』, 『깨우침의 빛』 등이 출간되었다. 그 가운데 『명묵의 건축』은 김개천
선생의 직관으로 풀어낸 우리 전통 건축의 철학과 아름다움에 관조 스님의
사진이 어우러져 그 표현이 본질의 구극에 다다랐다.

　　　　사찰의 눈 덮인 고요, 고요한 대청마루에 부는 바람소리, 나뭇잎에
내리는 빗물에서 스님이 보신 것은 무엇일까? 스님께서는 일찍이 "마땅히
머무는 바 없이 그 마음을 내라고 한 『금강경(金剛經)』의 말과 같이, 깨달음의 순간을
낚아채 사진에 담았다"라고 말씀하셨다. 스님의 영상에는 어떤 조그마한
삿된 기운도 끼어들 수 없을 만큼 맑고 투명하다. 그리고 어떤 힘도 들이지
않은 자연 그대로의 방하(放下) 그 자체였다. 스님이 우리 곁을 떠나셨으니, 미혹한
중생들에게 그 아름다움을 일깨워 주고, 알아듣기 쉽게 설법해 줄 이 누구일까
생각하면 오로지 슬픔이 복받쳐 하염없이 눈물이 흐를 뿐이다.

　　　　스님은 가시는 길에 그렇게 힘들여 추구하던 불법의 아름다움도
아무런 집착 없이 순순히 모두 내려놓았다. 안구와 법구도 병든 이를 위해
기증하고 다비식도 허락지 않았으니, 떠나신 빈 자리에서 스님이 남기고 가신
자비의 무한함을 느끼게 한다. 눈을 감으면 스님의 다정한 음성이 들리는
듯하고, 눈을 뜨면 스님의 자애로운 미소가 선하게 떠오른다. 스님과 함께한
시절을 회고해보니 아름다웠다는 생각뿐이다. 사람으로 태어나 스님같이
아름다울 수 있는가 하고 생각하니 또한 슬프다.

　　　　언젠가 말씀하시기를 바람을 찍고 싶다고 하시던 스님, 이제 마지막
가시는 길에 당신의 소회를 묻는 제자들의 질문에 다음과 같이 답하셨다.
"삼라만상이 천진불이니, 한 줄기 빛으로 담아보려고 했다. 내게 어디로
가느냐고 묻지 마라, 동서남북에 언제 바람이라도 일었더냐!" 스님은 그렇게
가셨다. 그러나 바위 위에 낀 이끼, 마당에 떨어진 꽃잎, 대나무 숲의 오솔길,
산허리를 덮은 운무를 보면 그 속에 스님이 계실 것이고, 우리 모두 스님을
그리워할 것이다. ◎

이 글은 오랜 동안 관조 스님을 스승으로 사숙해 온 이내옥 국립 춘천박물관 관장이
입적하신 스님을 그리워하며 써놓은 미발표 '관조당 성국대선사 부도비문'에서
발췌한 내용입니다.

— 추천의 글
우리 건축을 보는 방법

김원 광장 대표 / 건축가

1978년엔가 내가 '도서출판 광장'을 차리고 《한국의 고건축》이라는 사진집을 내면서 앞으로 50권을 만들어 우리 고건축의 귀중함을 알리겠다고 공언한 적이 있었다. 그러나 그 약속은 경제적인 문제와 나 자신의 게으름과 여러 이유들로 해서 일곱 권의 책이 나온 후 중단된 채 30년이란 세월이 흘렀다.

     그 책들을 어떻게든 마무리를 지어 볼까 하고 그때 내가 쓴 글들을 다시 읽어 보는 중에 가장 불만스럽게 느껴지는 부분이 우리 고건축이 가진 정신적인 면이 소홀히 다루어진 점이었다. 그때의 나 역시도 그런 면이 있었지만 대체로 많은 사람들이 서양식 건축관으로 우리 것을 분석하고 공간과 조형에 관해 평가하는 것으로 만족하는 현상을 보면서 '그런 안목으로는 깊이 있게 볼 수가 없으리라'는 염려를 많이 하였다. 그때는 실상 나 자신에게 그런 깊은 성찰이 없었다.

     한마디로 한국의 고건축은 축소된 우주라고 보면 된다. 서양 사람들이 자연을 극복하는 수단으로 건축을 만들고 그것을 하나의 공간이니 조형이니 하는 관점으로 보는 데 비하면, 우리는 자연에 동화한다는 태도로 건축을 보았기 때문에 그것은 사실 건립과 축조라는 뜻으로 쓰이는 '건축'이라는 단어가 어색할 정도로 우주질서가 재현되어 자연 속에 그 일부가 되어 버리는 결과물이었다.

     한 예로 정조대왕은 즉위하던 해에 창덕궁 안에 연회장을 지으면서 주합루(宙合樓)라고 이름 하였는데 여기 '주합'이란 '우주와 합일한다'는 뜻으로 "자연의 이치에 따라 정치를 하겠다"는 대왕의 정치 이념이 담겨 있다. 그래서 그 건물은 우주와 합일하는 개념으로 지어졌다. 우리의 주거와 사찰과 궁궐들은 모두 그 땅을 자연에서 빌리고, 집은 자연에 덧대어 짓는다는 개념에서 출발한다. 그리하여 그것들은 항상 원래 상태로 돌려질 수 있고, 없어졌다가도 다시 복원될 수도 있다. 거기에는 유불선(儒佛仙) 3천년의 가르침과 깨달음이 고스란히 녹아 있다.

그것은 기술이나 예술의 술(術)이 아니라, 우주적으로 삶을 이해하는 하나의 도(道)로서 시행되었다. 그러던 건축의 도가 서양학문의 도입과 근대화의 과정을 거치면서 표정을 가진 조형물로 이해되고, 재산 가치를 향유하는 부동산으로 치부되고, 결과적으로 자연 질서에 역행하는 인간의 이기적 행위로 자행되는, 현대와 같이 오도된 경향에 심취하고 있음에 대해 심각한 우려가 있어야 한다. 평소 불교에 심취하여 그 사상에 조예가 있는 김개천 교수가 불교신문에 한국의 고건축 해설을 연재하는 동안, 고맙게도 그의 글들을 얻어 읽게 되면서 위와 같은 나의 오랜 불만들이 조금씩 해소되는 것뿐만 아니라 또 다른 깨달음을 함께 얻는 행운을 누리게 되었다.

예컨대 범어사의 일주문(一柱門)과 불이문(不二門)을 이야기한 글만을 보더라도 그는 기둥이 짧아지고 기초돌이 높아져서 지붕이 거의 주춧돌에 가 닿은 것을 보고 하늘과 땅이 맞닿아 그 사이의 중성적 공간이 생략되었다고 말한다. 이것은 우리 고건축이 무한한 하늘을 한정하는 지붕을 양(陽)으로 하고, 끝없는 땅을 한정하는 기단을 음(陰)으로 하여 그 사이에 생기는 중성적 공간에 사람 살 곳이 마련되는 원리를 말하되, 범어사 일주문에서 그 중성이 최소화 되어 그곳에 인간이 있을 자리가 없는, 현실에 없는 공간이 되었음을 지적하고 있는 것이다.

거조암 영산전에서도 절대 무의 건축을 '비어 있음조차도 없는' 무공(無空)의 세계, 즉 상(相)도 없고 생(生)도 없는 법(法)의 세계를 건축으로 설명한다. 나아가 그것을 실체와 허공으로 보여주고 깨닫게 해주는, 그리하여 일체로부터 자유로워지는 경지에 도달하는 우리 건축의 실례를 보여준다. 소쇄원에서는 "하늘과 땅 사이는 텅 빈 듯하지만 가득 차 있다"는 동중서의 말을 빌려 이것이 보이지 않는 세계의 담담함을 말하는 것이자, 원래 있는 맑음의 경지를 마치 악기가 공명하여 감응한 것같이 무수한 영감의 원천으로 매개된다고 광풍제월(光風霽月)을 설명한다.

그는 자신의 글들을 모아 '명묵(明默)의 건축'이라고 이름 하였는데 이 말은 그가 처음 만들어 쓰기 시작했다. 저자 자신은 '명묵'의 뜻을 말 그대로 '밝은 침묵'이라고 말한다. 이것이 한국 고건축의 중요한 주제이며, 본인이 그것을 희구한다고 한다. 그는 침묵을 의도하지 않은 초연한 침묵처럼, 무위로 이룩한 생명의 광경(光景), 빛의 경치로 건축을 보고 있다.

평소 김개천은 과묵하지만 밝은 사람이다. 그런 그의 모습대로 '명묵'이라는 말은 만든 사람과 어울린다. 사물은 보는 사람에 걸맞게, 그만큼 보이는 것이다. 나는 여기서 루이스 칸의 "Light & Silence"란 말을 떠올린다. 그야말로 '명(明)과 묵(默)'이다. 그는 지중해 섬마을과 건축의 빛에 대하여 "Prevaillance of order, prevaillance of commonness"라고 읊었다. 칸은 서양 건축가로는 드물게 '빛'의 존재를 인문학적으로 인식한 사람이었다.

처음에 서양식으로 건축에 입문하여 학문으로 그것을 배웠을 저자에게 칸이 평생 매달렸던 화두가 대입되어 한국 건축을 빛과 침묵이라는 비슷한 관점에서 보게 된 것은 절묘한 조화이자 대비이다. 글쓴이 자신은 '명과 묵'이 아니라 '명묵'이라고 힘주어 말한다. 그 둘은 따로 떨어져 대비되는 것이 아니라 서로를 포용하며 조화를 이룬다. 그리고 그것이 바로 동양의 사상이라는 것이다. 또 이 책은 "아는 만큼 보인다"라는 말의 허황됨을 보여준다. 그의 글을 읽으면 우리 고건축에 가까이 가려할 때, 지식으로 접근하면, 즉 많이 알수록 그 앎이 족쇄가 되어 자유로운 느낌을 제약할 수 있음을 알게 된다. 그러므로 어린이나 촌부들에게는 아는 것이 조금 더 보여줄 수 있을망정 건축 중에서도 특히 한국 건축을 우주의 축소판과 자연의 복사판으로 이해하는 데는 안다는 것이 때로는 불필요한 요구 조건이 되는 것이다.

지은이는 우선 우리 건축을 보는 법을 이야기한다. 우리는 알기 전에 보아야 하고 느껴야 하고 거기서 '깨달아야' 한다. 달밤에 불국사 기둥을 껴안고 울었다는 건축가나, 무량수전의 배흘림기둥에 감동하는 미술사가의 감상을 벗어나야 그런 깨달음은 온다. 그리고 건축의, 건축가의 오만가지 욕심에서 벗어나야 한다. 바로 그런 관점으로 저자는 '무엇을 보아야 하는가'에서부터 읽는 사람을 친절하게 인도한다. 용마루와 추녀 끝이 아니라, 그의 눈은 우리를 둘러 싼 우주와 거기 서린 기의 움직임을 본다. 그래서 그것은 느껴야 하고 깨달아야 하는 것이다.

이 책에 펼쳐진 그의 글이 어렵다는 이야기를 주위에서 듣는다. 한자에

약한 세대에게는 그런 불만이 있을 수 있겠다. 그러나 우리가 그들에게 한자 교육을 소홀히 한 것은 큰 잘못이었다. 이 글들을 읽으면서 나는 어렵다기보다는 무슨 경전을 읽는 느낌을 받았다. 불경을 읽으면 금방 이해를 못해도 어떤 느낌이 오고, 그 느낌으로 해서 공감되는 부분이 있다.

설명이 어렵지만 그것을 말하고 싶다. 바로 그것이 우리 건축의 본질적 속성이며, 건축을 말하기 위해 불법을 말하듯이 공(空)과 허(虛)로 예시하는 것이 더 올바르고 쉽다는 점이다. 이 글들을 학술 논문이라고 생각하지 않고, 건축을 우주 삼라만상의 보편적 진리라고 말하는 경전으로 읽으면 오히려 쉬워진다. 어렵기로 말하자면 오히려 서양 철학자들을 인용하여 고담준론(高談峻論)을 펼치는 요즘 건축 평론가들의 애매모호한 삼단논법이 더 어렵다. 그는 따뜻한 안목으로 자기가 본 바를 담담한 어조로 풀어낼 뿐, 육하원칙으로 사람을 설득하지 않으므로 편안하다.

전문으로, 직업으로 글을 쓰는 사람이 아니면서 글을 쓴다는 일은 쉬운 일이 아니다. 그것은 아주 어려운 일이어서 고통스럽기도 했을 것이다. 그러면서도 그가 어렵사리 글을 써서 자신이 느끼고 깨달은 것을 다른 이들과 나누는 모습은 돈을 많이 번 사람이 그 재산을 사회에 환원하는 것을 보는 듯하다. 그는 작가이며, 만해마을을 비롯하여 여러 현대 건물들을 설계하였다. 그 작업들을 해내는 과정에서 배운 것을 나누려고 이 어려운 글쓰기 작업을 계속한 마음이 아름답다.

만해마을이 완공되었을 때 함께 그곳을 방문한 사람들에게 김교수는 "작가로서 어떤 것을 만들고자 하는 의지보다는 사람이 만든 인문의 세계가 자연과 화(化)하여 풍요로움을 이루듯, 작가의지가 개입되어 있음에도 그 의지를 찾기가 힘들며, 자연과 대등한 인문화성(人文化成)의 경지를 획득하고 싶었다"고 말하였다. 나는 그 경지가 이 글을 쓴 경지라고 생각한다. 만해마을을 보고 이해하기가 어려웠는가? 아니라면 이 글들을 만해마을 보듯이 읽으면 된다.

바야흐로 한국 불교에서 그 건축이 미래에 어떠해야 하는지 논의가 활발해지고 있다. 성철스님 사리탑, 그리고 내가 직접 가보고 작가와 이야기를 나누어 본 만해마을, 또 해인사의 신행도량 설계공모 같은 현대적 사업들을 보면서 이것이 얼마나 어려운 일인가를 생각하였다. 송광사 대웅전을 새로

짓는 것 같은 대형불사를 일으키는 종단과 주지스님들이 불교의 가르침과 깨달음을 그 건축에 담아내고자—또는 담아내지 않고자—어떤 노력들을 해야 하는지 이 책은 조용히, 그러나 깊이 있게 설파하고 있다. 여기서 우리가 무언가를 깨달을 수 있다면 그것은 우리 건축의 이해, 나아가 우리 현대 건축의 반성, 그리고 더 나아가 인류는 미래에도 도시와 건축을 지금처럼 만들어 나갈 것인가라는 질문에 봉착하게 될 것이다.

    김교수는 이 책을 통해서 나에게도 '당신은 무엇을 하고 있는가?'라고 묻는 것 같다. 아마 다른 분들도 읽으면서 그런 느낌을 갖지 않을까 생각한다. 이 책은 우리가 우리 자신을 보는 눈에 대해 건축을 통해 말하고 있다. 나는 언젠가, 누군가가, 우리 건축과, 서도와, 회화와, 조각과, 시와, 악가무(樂歌舞)와, 제례의식과, 정치와, 일상생활을 통틀어 그 밑바탕에 도도히 관류하는 철학을 함께 정리하는 일을 해야 하고, 이 책이 그 실마리를 제공하는 첫걸음을 디딘 것으로 평가한다.

    한국의 고건축을 지식으로 연구하고 전수하려는 교수님들에게, 그리고 정말로 우리 건축의 정신을 보고, 느끼고, 배우고, 사랑하려는 학생들에게, 세계의 외국인들에게, 그의 말과 글이 먼저 '보는 방법'을 보여주어 결국에 깊은 깨달음을 줄 것을 믿으며 일독, 재독, 삼독을 권한다. 眞水無香. ◎

⊙

한국의 건축 문화를 이해하기란 쉽지 않다. 너무나 평범하여 첫눈에 들어오지 않기 때문이다. 그 문화를 이해하기 위해서는 우선 한국인이 이룩한 정신과 학문 세계에 대한 미적 탐구가 선행되어야 한다. 외형상 작고 평범해 보이는 우리의 전통 건축은 우주만큼 넓고 깊게 체감되는 무한의 건축으로 완성되었고, 물질의 진정한 가치를 구현하였던 예술적 성취들은 현대 미학이 추구하는 이상과도 맥이 닿아 있을 뿐 아니라 그 미적 한계에 새로운 형식을 제안하고 있기도 하다. 자연과의 조화가 아닌 건축과 예술 그리고 인문을 통한 천연(天然)의 경지로 자연을 극대화하고 그 속에서 영위되는 삶을 거대하고 영원한 현재로 확장하였다. 자연의 경지를 이룬 건축적 인문 세계는 자연과 인간의 삶을 더욱 풍부하게 할 것이다.

김개천

◎

한국 전통의 명건축 24선
명묵의 건축

2004년 12월 24일 초판 발행 • 2011년 7월 20일 2판 1쇄 발행 • 2022년 10월 28일 2판 5쇄 발행 • **지은이** 김개천 • **사진** 관조 스님
펴낸이 안미르 안마노 • **편집** 김준영 박현주 • **디자인** 김병조 • **영업** 이선화 • **커뮤니케이션** 김세영 • **제작** 세걸음 • **종이** 그린라이트 80g/m², 아르떼 230g/m² 밍크지 120g/m² • **글꼴** SM중명조. SM태명조, Bembo Std

안그라픽스
주소 10881 경기도 파주시 회동길 125-15 • **전화** 031.955.7755 • **팩스** 031.955.7744
이메일 agbook@ag.co.kr • **웹사이트** www.agbook.co.kr • **등록번호** 제2-236(1975.7.7)

© 2011 김개천·관조 스님
이 책의 저작권은 저자에게 있으며 무단 전재나 복제는 법으로 금지되어 있습니다.
정가는 뒤표지에 있습니다. 잘못된 책은 구입하신 곳에서 교환해 드립니다.

ISBN 978.89.7059.590.0 (03600)